U0062663

Access 数据库应用

主　编　郑明言　王　冰　李浩光
副主编　张　玲　王志山　朱文波
　　　　任桂忠　王振玲

北京理工大学出版社
BEIJING INSTITUTE OF TECHNOLOGY PRESS

内 容 简 介

　　Microsoft Access 是微软公司开发的关系型数据库管理系统，也是目前流行的桌面数据库管理系统。本书以应用为目的，重点介绍了 Access 各个数据库对象的基本功能、设计方法、相互关系和开发数据库应用系统的基本技术。全书共分7 章，包括 Access 基础知识，构建 Access 数据库，创建与使用表，维护与操作表，创建与使用查询对象，创建与使用窗体对象，创建与使用报表对象等。

　　本书内容充实、结构严谨，突出操作性和实践性，语言通俗易懂，深入浅出，实例丰富，可以使学生尽快掌握 Access 的基本功能和操作，能够完成小型数据库应用系统的开发。本书既适合作为高等院校学生学习数据库应用技术的教材，也可作为广大计算机用户的培训和参考用书。

图书在版编目（CIP）数据

Access 数据库应用/郑明言，王冰，李浩光主编 . —北京：北京理工大学出版社，2012.8
ISBN 978 - 7 - 5640 - 6432 - 7

Ⅰ . ①A…　Ⅱ . ①郑…②王…③李…　Ⅲ . ①关系数据库系统 - 数据库管理系统 - 教材
Ⅳ . ①TP311. 138

中国版本图书馆 CIP 数据核字（2012）第 179916 号

出版发行 / 北京理工大学出版社
社　　址 / 北京市海淀区中关村南大街 5 号
邮　　编 / 100081
电　　话 / （010）68914775（办公室）　68944990（批销中心）　68911084（读者服务部）
网　　址 / http：// www. bitpress. com. cn
经　　销 / 全国各地新华书店
印　　刷 / 北京兆成印刷有限责任公司
开　　本 / 787 毫米×1092 毫米　1/16
印　　张 / 15
字　　数 / 344 千字　　　　　　　　　　　　　　　　　　　　　　责任编辑 / 陈子慧
版　　次 / 2012 年 8 月第 1 版　　2012 年 8 月第 1 次印刷　　　　　　　　　　/ 陈莉华
印　　数 / 1 ~ 2000 册　　　　　　　　　　　　　　　　　　　　　　责任校对 / 周瑞红
定　　价 / 48.00 元　　　　　　　　　　　　　　　　　　　　　　　责任印制 / 王美丽

前言
Preface <<< <<<

Access 关系型数据库管理系统是 Microsoft 公司 Office 办公自动化软件的一个组成部分。它可以有效地组织、管理和共享数据库的信息，并将数据库信息与 Web 结合在一起，为通过 Internet 共享数据库信息提供了基础平台。

在编写过程中，依据应用型人才培养目标的要求，在理论与实践上，更侧重于实践；在知识与技能上，更侧重于技能；在讲授与动手上，则更侧重于动手。基于这种理念，本书突出了"实用性"这一主要特点。在内容上采用由浅入深、循序渐进的方式，详尽地介绍了 Access 的主要功能、使用方法和使用技巧。在语言叙述上通俗易懂，特别注意突出实用性的特点，结合大量例题，说明了 Access 在管理中的应用。

全书共分为 7 章。

第 1 章　介绍了数据库的基本概念，数据库系统的组成，Access 的工作界面。

第 2 章　介绍了创建 Access 数据库的方式，Access 数据库的结构，Access 表的结构。

第 3 章　介绍了构建表结构，设置字段属性，向表中输入和导出数据，创建数据表的关系等。

第 4 章　介绍了维护与操作表，包括维护表结构和表内容，美化表外观，查找和替换数据，筛选记录等。

第 5 章　介绍了选择查询、参数查询、交叉表查询、操作查询、SQL 查询等主要的查询方法。

第 6 章　介绍了创建与使用窗体对象，包括认识窗体，通过自动方式创建窗体，数据透视表窗体，在设计视图中创建窗体，美化完善窗体等。

第 7 章　介绍了创建与使用报表对象。

本书由郑明言、王冰、李浩光主编，张玲、王志山、朱文波、任桂忠、王振玲任副主编；参加本书编写的还有崔学敏、李艳、付在霞、王思艳、闫凤英、李华、温培利等同志。

由于编者水平有限，在编写过程中难免存在不足之处，敬请广大读者批评指正。

编者

目录
Contents <<< <<<

第1章　Access 入门 ⋯⋯⋯⋯⋯⋯⋯⋯⋯⋯⋯⋯⋯⋯⋯⋯⋯⋯⋯⋯⋯⋯⋯⋯1

1.1　数据库的基本概念 ⋯⋯⋯⋯⋯⋯⋯⋯⋯⋯⋯⋯⋯⋯⋯⋯⋯⋯⋯⋯1

1.2　Access 数据库简介 ⋯⋯⋯⋯⋯⋯⋯⋯⋯⋯⋯⋯⋯⋯⋯⋯⋯⋯⋯10

1.3　Access 的工作界面 ⋯⋯⋯⋯⋯⋯⋯⋯⋯⋯⋯⋯⋯⋯⋯⋯⋯⋯⋯13

1.4　总结提高 ⋯⋯⋯⋯⋯⋯⋯⋯⋯⋯⋯⋯⋯⋯⋯⋯⋯⋯⋯⋯⋯⋯⋯18

1.5　知识扩展 ⋯⋯⋯⋯⋯⋯⋯⋯⋯⋯⋯⋯⋯⋯⋯⋯⋯⋯⋯⋯⋯⋯⋯19

第2章　构建 Access 数据库 ⋯⋯⋯⋯⋯⋯⋯⋯⋯⋯⋯⋯⋯⋯⋯⋯⋯⋯⋯⋯26

2.1　关系数据库 ⋯⋯⋯⋯⋯⋯⋯⋯⋯⋯⋯⋯⋯⋯⋯⋯⋯⋯⋯⋯⋯⋯26

2.2　创建 Access 数据库 ⋯⋯⋯⋯⋯⋯⋯⋯⋯⋯⋯⋯⋯⋯⋯⋯⋯⋯⋯30

2.3　Access 表的关系 ⋯⋯⋯⋯⋯⋯⋯⋯⋯⋯⋯⋯⋯⋯⋯⋯⋯⋯⋯⋯34

2.4　总结提高 ⋯⋯⋯⋯⋯⋯⋯⋯⋯⋯⋯⋯⋯⋯⋯⋯⋯⋯⋯⋯⋯⋯⋯35

2.5　知识扩展 ⋯⋯⋯⋯⋯⋯⋯⋯⋯⋯⋯⋯⋯⋯⋯⋯⋯⋯⋯⋯⋯⋯⋯36

第3章　创建与使用表 ⋯⋯⋯⋯⋯⋯⋯⋯⋯⋯⋯⋯⋯⋯⋯⋯⋯⋯⋯⋯⋯⋯⋯43

3.1　构建表结构 ⋯⋯⋯⋯⋯⋯⋯⋯⋯⋯⋯⋯⋯⋯⋯⋯⋯⋯⋯⋯⋯⋯43

3.2　设置字段属性 ⋯⋯⋯⋯⋯⋯⋯⋯⋯⋯⋯⋯⋯⋯⋯⋯⋯⋯⋯⋯⋯52

3.3　向表中输入数据 ⋯⋯⋯⋯⋯⋯⋯⋯⋯⋯⋯⋯⋯⋯⋯⋯⋯⋯⋯⋯64

3.4　导入与导出数据 ⋯⋯⋯⋯⋯⋯⋯⋯⋯⋯⋯⋯⋯⋯⋯⋯⋯⋯⋯⋯70

3.5　建立与修改表之间的关系 ⋯⋯⋯⋯⋯⋯⋯⋯⋯⋯⋯⋯⋯⋯⋯⋯76

3.6　总结提高 ⋯⋯⋯⋯⋯⋯⋯⋯⋯⋯⋯⋯⋯⋯⋯⋯⋯⋯⋯⋯⋯⋯⋯81

3.7　知识扩展 ⋯⋯⋯⋯⋯⋯⋯⋯⋯⋯⋯⋯⋯⋯⋯⋯⋯⋯⋯⋯⋯⋯⋯82

第4章　维护与操作表 ⋯⋯⋯⋯⋯⋯⋯⋯⋯⋯⋯⋯⋯⋯⋯⋯⋯⋯⋯⋯⋯⋯⋯88

4.1　打开和关闭表 ⋯⋯⋯⋯⋯⋯⋯⋯⋯⋯⋯⋯⋯⋯⋯⋯⋯⋯⋯⋯⋯88

4.2　维护表 ⋯⋯⋯⋯⋯⋯⋯⋯⋯⋯⋯⋯⋯⋯⋯⋯⋯⋯⋯⋯⋯⋯⋯⋯90

4.3　操作表 ⋯⋯⋯⋯⋯⋯⋯⋯⋯⋯⋯⋯⋯⋯⋯⋯⋯⋯⋯⋯⋯⋯⋯⋯97

4.4　总结提高 ⋯⋯⋯⋯⋯⋯⋯⋯⋯⋯⋯⋯⋯⋯⋯⋯⋯⋯⋯⋯⋯⋯104

第5章　创建与使用查询对象 ⋯⋯⋯⋯⋯⋯⋯⋯⋯⋯⋯⋯⋯⋯⋯⋯⋯⋯⋯⋯108

5.1　认识查询 ⋯⋯⋯⋯⋯⋯⋯⋯⋯⋯⋯⋯⋯⋯⋯⋯⋯⋯⋯⋯⋯⋯108

5.2　选择查询 ⋯⋯⋯⋯⋯⋯⋯⋯⋯⋯⋯⋯⋯⋯⋯⋯⋯⋯⋯⋯⋯⋯112

5.3　参数查询 ⋯⋯⋯⋯⋯⋯⋯⋯⋯⋯⋯⋯⋯⋯⋯⋯⋯⋯⋯⋯⋯⋯124

5.4　交叉表查询 ⋯⋯⋯⋯⋯⋯⋯⋯⋯⋯⋯⋯⋯⋯⋯⋯⋯⋯⋯⋯⋯127

5.5　操作查询 ··· 131

5.6　SQL 查询 ··· 137

5.7　编辑和修改查询 ·· 142

5.8　总结提高 ··· 143

第 6 章　创建与使用窗体对象 ··· 148

6.1　认识窗体 ··· 148

6.2　通过自动方式创建窗体 ·· 154

6.3　通过向导创建窗体 ·· 156

6.4　在设计视图中创建窗体 ·· 163

6.5　美化完善窗体 ··· 179

6.6　总结提高 ··· 183

6.7　知识扩展 ··· 183

第 7 章　创建与使用报表对象 ··· 190

7.1　创建报表 ··· 190

7.2　编辑报表 ··· 204

7.3　页面设置 ··· 211

7.4　设计布局 ··· 212

7.5　预览和打印报表 ·· 212

7.6　总结提高 ··· 213

7.7　知识扩展 ··· 214

全国计算机等级考试二级 Access 模拟试题及答案（一） ······· 219

全国计算机等级考试二级 Access 模拟试题及答案（二） ······· 225

参考文献 ··· 231

学习目标

1. 了解信息与数据的概念及联系
2. 了解数据库与数据库管理系统的概念
3. 知道 Access 数据库的功能及特点
4. 掌握数据模型的相关术语
5. 掌握 Access 的启动与退出
6. 掌握 Access 数据库窗口的组成

1.1 数据库的基本概念

数据库技术是计算机技术的一个重要分支。随着计算机技术和互联网的迅猛发展，数据库技术的应用领域也在不断扩大，如企业管理、数据统计、多媒体信息系统等领域都在利用数据库技术。到底什么是数据库呢？本节将为您揭开数据库的面纱。

1.1.1 信息、数据和数据处理

1. 信息

信息是指现实世界事物存在方式或运动状态的反映。具体地说，信息是一种已经被加工的特定形式的数据，这种数据形式对接收者来说是很有意义的，而且对当前和将来的决策具有明显或实际的价值，是决策者预先不知道的数据。

2. 数据

数据则是描述现实世界事物的符号记录形式，是利用物理符号记录下来的可以识别的信息，这里的物理符号包括数字、文字、图形、图像、声音和其他的特殊符号。

3. 数据处理

数据处理也称为信息处理，是指对各种形式的数据进行收集、存储、加工和传播的一系列活动的总和。其目的之一是从大量的、原始的数据中抽取、推导出对人们有价值的信息以作为行动和决策的依据；目的之二是为了借助计算机科学地保存和管理复杂的、大量的数据，以便人们能够方便而充分地利用这些宝贵的信息资源。

4. 数据与信息的联系

数据与信息是两个既有联系又有区别的概念。数据是信息的载体，而信息是经加工处理后有价值的数据。同一信息可以有不同的数据表示形式；而同一数据也有不同的解释。在某

1

些不需要严格区分的场合，可以将两者不加区别地使用。例如，将信息处理说成是数据处理。数据与信息之间的关系可以表示为：

$$信息=数据+数据处理$$

1.1.2　数据管理技术的发展

计算机数据的管理是随计算机硬件（主要是外部存储器）、软件技术和计算机应用范围的发展而不断发展。数据管理技术的发展大致经历了四个阶段：人工管理阶段、文件系统阶段、数据库系统阶段、高级数据库阶段。

1. 人工管理阶段

20 世纪 50 年代中期以前，计算机主要用于科学计算。那时在计算机硬件方面，外存只有卡片、纸带和磁带，没有磁盘等直接存取的存储设备；在软件方面，只有汇编语言，没有操作系统和高级语言，更没有管理数据的软件；数据处理的方式是批处理。这些决定了当时的数据管理只能依赖人工来进行，且数据间缺乏逻辑组织，数据依赖于特定的应用程序，缺乏独立性。程序与数据之间的关系如图 1.1 所示。

图 1.1　数据的人工管理

2. 文件系统阶段

20 世纪 50 年代后期至 60 年代中期，随着科学技术的发展，计算机技术有了很大的提高，计算机的应用范围也不断扩大。计算机不仅用于科学计算，还大量用于管理。这时的计算机硬件已经有了磁盘和磁鼓等直接存取的外存设备；软件也有了操作系统、高级语言，操作系统中的文件系统是专门用于数据管理的软件；处理方式不仅有批处理，还增加了联机实时处理。数据管理进入了文件系统阶段。

这种数据处理系统把计算机中的数据组织成相互独立的数据文件，系统可以按照文件的名称对其进行访问。它实现了记录内的结构化，但文件从整体来看是无结构的。其数据面向特定的应用程序，因此数据共享性、独立性差，冗余度大。程序与数据之间的关系如图 1.2 所示。

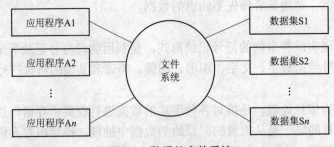

图 1.2　数据的文件系统

3. 数据库系统阶段

20 世纪 60 年代后期，计算机的应用更为广泛，用于数据管理的规模也更为庞大，由此带来数据量的急剧膨胀，计算机存储技术有了很大发展，出现了大容量的磁盘，在处理方式上，联机实时处理的要求更多。这种变化促使了数据管理手段的进步，出现了统一管理数据的专门软件系统——数据库管理系统（DBMS），从而出现了数据库这样的数据管理技术。

数据库的特点是数据不再只针对某一特定应用，而是面向全组织，整体的结构性、共享性高，冗余度低，程序与数据间具有一定的独立性，并且实现了对数据进行统一的控制。程序与数据之间的关系如图 1.3 所示。

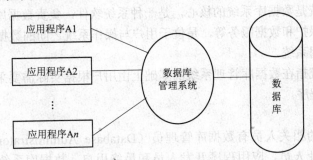

图 1.3　数据的数据库系统

4. 高级数据库阶段

（1）分布式数据库系统。

20 世纪 70 年代后期之前，数据库系统多数是集中式的。分布式数据库系统是数据库技术和计算机网络技术相结合的产物，在 80 年代中期已有商品化产品问世。分布式数据库是一个逻辑上统一、地域上分布的数据集合，是计算机网络环境中各个结点局部数据库的逻辑集合，同时受分布式数据库管理系统的管理和控制。目前支持分布式数据库的数据库管理系统有 Access、SQL Server、Oracle 等。

（2）面向对象的数据库系统。

20 世纪 80 年代末期，在程序设计语言领域中引入了面向对象的概念。通过面向对象的程序设计来解决程序中的重要问题，将面向对象的概念引入数据库领域，产生了面向对象的数据库系统。

1.1.3　数据库系统

数据库系统（Database System，简称 DBS）是指带有数据库并利用数据库技术进行数据管理的计算机系统。它可以实现有组织地、动态地存储大量相关数据，提供数据处理和信息资源共享服务。

1. 数据库

数据库（Database，简称 DB）是数据的集合，按照特定的组织方式将数据保存在存储介质上，同时可以被各种用户所共享。例如：日常生活中，公司记录了每个员工的姓名、地址、电话、工号等信息，这个员工记录就是一个简单的数据库，每一个员工的姓名、地址、电话、工号就是这个数据库中的数据。

2. 数据库系统的组成

数据库系统由以下 5 部分组成。

（1）硬件。

硬件是存储和运行数据库系统的硬件设备。

（2）操作系统。

操作系统是指安装数据库系统的计算机使用的操作系统。如 Windows XP、Windows 2007 等。

（3）数据库管理系统。

数据库管理系统是数据库系统的核心，是一种系统软件，负责数据库中的数据组织、操纵、维护、控制、保护和数据服务等，是位于用户与操作系统之间的数据管理软件。

（4）数据库应用系统。

数据库应用系统指在数据库管理系统的基础上由用户根据实际需要采用各种应用开发工具自行开发的应用程序。

（5）相关人员。

数据库系统中的相关人员有数据库管理员（Database Administrator，简称 DBA）、系统分析员、数据设计人员、应用程序开发人员和最终用户，数据库系统的组成如图 1.4 所示。

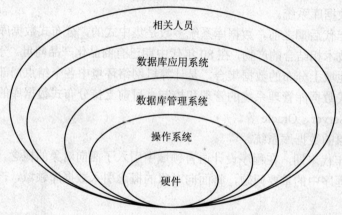

图 1.4   数据库系统的组成

3. 数据库系统的结构

数据库系统是一个多级结构，它既方便用户存储数据，又能高效地组织数据。数据库系统的结构是数据库系统的一个总框架。现有的数据库系统的结构是三级模式和二级映射结构，如图 1.5 所示。

（1）三级模式。

数据库系统的三级模式由模式、外模式和内模式组成。

① 模式。模式也称概念模式，是数据库的整个逻辑描述，是数据所采用的数据模型。

② 外模式。外模式又称子模式，或用户模式，它是用户与数据库的接口，是应用程序可见的数据描述，是模式的一部分，是用户所看到和使用的数据库。

③ 内模式。内模式又称为物理模式，它描述数据在存储介质上的安排与存储方式。

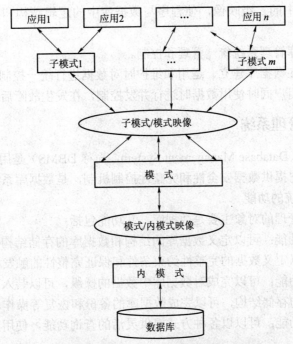

图 1.5 数据库系统的结构——三级模式和二级映射结构

温馨小贴士

无论哪一类模式只是处理数据的一个框架，按这些框架填入的数据才是数据库的内容。三级模式之间的联系是通过二级映像来实现的。

（2）二级映像。

数据库系统的二级映射由外模式–模式映像、内模式–模式映像组成。

① 外模式–模式映像：描述全局逻辑结构。模式改变，外模式不变，保证了程序与数据的逻辑独立性。

② 内模式–模式映像：定义了全局逻辑结构与存储结构之间的对应关系。存储结构改变，模式不变，保证了数据与程序的物理独立性。

4. 数据库系统的特点

数据库系统主要有以下 4 个特点。

（1）数据结构化。

在数据库系统中，数据是面向整体的，不但数据内部组织有一定的结构，而且数据之间的联系也按一定的结构描述出来，所以数据整体结构化。

（2）数据共享性高，冗余度低，易扩充。

数据库系统是面向整体的，因此数据不但可以被多个用户共享，大大减少了冗余度，而且可以很容易地增加新的功能，适应用户新的要求。

（3）数据独立性高。

通过数据库系统中的二级映像，使程序与数据库中的逻辑结构和存储结构有高度的独立性。

（4）数据由数据库管理系统统一管理和控制。

数据库管理系统在数据库建立、运用和维护时对数据进行统一控制，以保证数据的完整性、安全性，并在多用户同时使用数据时进行并发控制，在发生故障后对系统进行恢复。

1.1.4 数据库管理系统

数据库管理系统（Database Management System，简称 DBMS）是用于建立、维护和管理数据库的系统软件。它提供数据安全性和完整性控制机制，是数据库系统的核心。

1. 数据库管理系统的功能

数据库管理系统管理的对象主要是数据库，其功能包括：

（1）数据库定义功能：可以定义数据库的结构和数据库的存储结构，可以定义数据库中数据之间的联系，可以定义数据的完整性约束条件和保证完整性的触发机制等。

（2）数据库操纵功能：可以完成对数据库中数据的操纵，可以装入、删除、修改数据，可以重新组织数据库的存储结构，可以完成数据库的备份和恢复等操作。

（3）数据库查询功能：可以以各种方式提供灵活的查询功能，使用户可以方便地使用数据库中的数据。

（4）数据库控制功能：可以完成对数据库的安全性控制、完整性控制、多用户环境下的并发控制等各方面的控制。

（5）数据库建立和维护功能：包括装入数据库初始数据，不同数据库间数据的转换，数据库转储和恢复等。

（6）数据库通信功能：在分布式数据库或提供网络操作功能的数据库中还必须提供数据库的通信功能。

2. 数据库管理系统的软件产品

市场上有各种各样数据库管理系统的软件产品，如 Oracle、Informix、Sybase、SQL Server、Access、FoxPro 等。其中，Oracle、Sybase 等数据库管理系统适用于大型数据库；SQL Server 等数据库管理系统适用于大中型数据库；Access、FoxPro 等数据库管理系统适用于中小型桌面数据库。

温馨小贴士

Access 的数据库管理系统和数据库是集成在一起的，不可分离。但有些大型的网络数据库产品，如 Oracle，其数据库管理系统和数据库是分离的，可以分别存放在不同的计算机上。

1.1.5 数据模型

数据模型是对现实世界进行抽象的工具，它是指构造数据时所遵循的规则以及对数据所能进行操作的总和，是数据库技术的关键。

1. 数据模型的组成

数据模型包括三部分：数据结构、数据操作和数据的完整性约束。

（1）数据结构。

数据结构是数据对象的集合。它描述数据对象的类型、内容、属性以及数据对象之间的联系，是对系统静态特性的描述。

（2）数据操作。

数据操作是数据库的数据允许执行的操作的集合。包括操作及有关的操作规则。主要有检索（即查询）和更新（含插入、删除和修改）两类操作，是对系统动态特性的描述。

（3）数据的完整性约束。

数据的完整性约束是数据完整性规则的集合。它是对数据以及数据之间关系的制约和依存关系规则，用以保证数据的完整性和一致性。

2. 概念模型

在组织数据模型时，人们首先将现实世界中存在的客观世界用某种信息结构表示出来，然后再转化为用计算机能表示的数据形式。概念模型是从现实世界到计算机世界的一个中间层次，是现实世界到信息世界的一种抽象，不依赖于具体的计算机系统。

概念模型的表示方法较多，其中最常用的是 P. P. S. Chen 于 1976 年提出的实体–联系方法（Entity–Relationship Approach）。该方法用 E–R 图来描述现实世界的概念模型，E–R 方法也称为 E–R 模型。

（1）实体。

现实世界中客观存在，可相互区分的事物称为实体。可以是具体的人、事、物，也可以是抽象的概念或联系，如课程、职工的工作关系等，而相同类型实体的集合称为实体集。例如：所有职工就是一个实体集。

（2）属性与域。

实体所具有的某一特性称为属性。一个实体可以由若干个属性来描述。例如：学生实体可用学号、姓名、性别、年龄、系等属性来描述。属性的取值为域，也称为属性值。例如：性别属性的域为（男、女）。

在 E–R 图中用椭圆来表示属性，并用无向边将其与相应的实体相连，例： 。

（3）实体类型。

用实体名及实体所有属性的集合共同构成的一种实体类型，简称实体型。例如，教师（编号、姓名、出生日期，职称、是否在职），课程（课程编号、课程名称、开课学期、理论学时、实验学时、学分）。

在 E–R 图中用矩形来表示实体类型，并在矩形框内标明实体名，例： 教师 。

（4）联系。

现实世界中事物之间是相互关联的，这种关联在事物数据化过程中表现为实体之间的对应关系，通常将实体之间的对应关系称为联系。常见的联系有 3 种：一对一联系，一对多联系和多对多联系。

在 E-R 图中用菱形表示联系，菱形框内标出联系名，例：$\langle$ 选修 $\rangle$。并用无向边与有关实体相连，同时在无向边旁标上联系的类型，即 1:1、1:N 或 M:N。

① 一对一联系。如果实体集 A 与实体集 B 之间存在联系，并且对于实体集 A 中的任意一个实体，实体集 B 中至多只有一个实体与之对应；而对于实体集 B 中的任意一个实体，在实体集 A 中也至多只有一个实体与之对应，则称实体集 A 到实体集 B 的联系是一对一的，记为 1:1。例如：一个公司只有一个总经理，而总经理只能在一个公司任职，公司和总经理之间的联系是一对一的。其 E-R 模型如图 1.6 所示。

② 一对多联系。如果实体集 A 与实体集 B 之间存在联系，并且对于实体集 A 中的任意一个实体，实体集 B 中可以有多个实体与之对应；而对于实体集 B 中的任意一个实体，在实体集 A 中也至多只有一个实体与之对应，则称实体集 A 到实体集 B 的联系是一对多的，记为 1:N。

例如：一个仓库可以有多名职工，但是一个职工只能在一个仓库工作，那么仓库和职工之间的联系是一对多的。其 E-R 模型如图 1.7 所示。

③ 多对多联系。如果实体集 A 与实体集 B 之间存在联系，并且对于实体集 A 中的任意一个实体，实体集 B 中可以有多个实体与之对应；而对于实体集 B 中的任意一个实体，在实体集 A 中也可以有多个实体与之对应，则称实体集 A 到实体集 B 的联系是多对多的，记为 M:N。

例如：一门课程可以同时有若干个学生选修，一个学生可以同时选修多门课程，那么课程与学生之间的联系是多对多的。其 E-R 模型如图 1.8 所示。

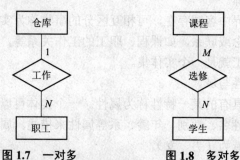

图 1.6 一对一　　　图 1.7 一对多　　　图 1.8 多对多

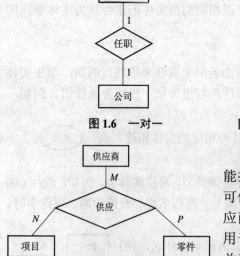

图 1.9 三元联系

E-R 图不仅能描述两个实体之间的联系，而且还能描述两个以上实体之间的联系。例如：一个供应商可供应若干项目的多种零件，每个项目可使用不同供应商供应的不同零件，每种零件可由不同供应商供给，用于多种项目。供应商、项目、零件之间的"供应"关系是三元联系，也属于 M:N 关系。这个联系可用图 1.9 表示。

3. 三种主要的数据模型

数据库系统的一个核心问题是数据模型。按照组织数据库中数据的结构类型的不同，分为以下几种：层次模型、网状模型、关系模型和面向对象的数据模型。其中前两种统称为非关系模型，在早期开发的数据库中使用。下面主要介绍前三种数据模型。

（1）层次模型。

层次模型是将现实世界的实体之间抽象成一种自上而下的层次关系，使用树形结构表示实体与实体间联系的模型，是数据库系统中最早出现的数据模型。例如，可用层次模型描述一个家族的族谱，如图1.10所示。

主要特点：

① 有且仅有一个结点没有父结点，这个结点称为根结点。例：图1.10中的"曾祖父"。

② 其他结点有且仅有一个父结点。例：图1.10中的"父亲"的父结点为"爷爷"。

③ 反映实体间一对多的关系。

（2）网状模型。

网状模型是用网状结构表示实体及其之间联系的模型，它的主要特点：

① 允许一个以上的结点无父结点。

② 一个结点可以有多个父结点。

③ 反映实体间多对多的关系。

网状模型的结构示意如图1.11所示。

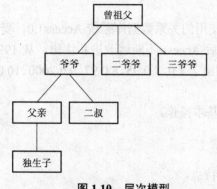

图1.10　层次模型

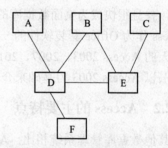

图1.11　网状模型

（3）关系模型。

现实生活中表达数据之间的关系最常用、最直观的方法就是使用表格，图1.12是一个描述教师信息的二维表格。关系模型就是将数据组织成二维表的形式，通过一张二维表来描述实体的属性、描述实体间联系的数据模型，是目前最重要的一种数据模型。

教工号	姓名	年龄	性别	学历	职称
101	张三	35	男	硕士	讲师
102	李明	52	男	本科	教授
103	刘丽	45	女	硕士	副教授

图1.12　二维表

通常将一个符合关系模型的二维表格中的每一列称为一个字段，而将每一行数据称为一个记录。一张二维表格如果能够成为一个关系数据模型的数据集合，必须具有以下条件。

① 表中每一列是不可再分的最小数据项，即表中不允许有子表。

② 表中每一列必须具有相同的数据类型。

③ 表中每一列名字必须唯一。

④ 表中不应有内容完全相同的一行。

⑤ 表中行、列的排列顺序是任意的。

关系模型的具体内容我们在以后章节具体介绍，本书介绍的 Access 就是一种典型的关系模型数据库管理系统。

1.2　Access 数据库简介

Access 是一个功能强大的关系型桌面数据库管理系统，是 Microsoft Office 套件产品之一。利用它可以对数据进行有效的保存和管理，并可满足各种数据查询的需要。Access 同时支持面向对象、采用事件驱动机制的程序设计方法，因而在此基础上可以方便地开发各种中、小型的数据库应用系统。

1.2.1　Access 的发展

1992 年 11 月微软公司推出了第一个供个人使用的关系数据库系统 Access1.0，受到了广泛关注，并且很快成为桌面数据库的领导者。此后 Access 不断地改进和优化，从 1995 年开始，Access 作为 Office 套装软件的一部分，先后推出了 2.0、7.0/95、8.0/97、9.0/2000、10.0/2002，直到今天的 Access 2003、2007、2010 版。

本书以 Access 2003 为基础来介绍 Access 的基本操作。

1.2.2　Access 的主要特点

与其他数据库管理系统相比，Access 有以下特点。

1. 存储方式简单，易于维护管理

Access 管理的对象有表、查询、窗体、报表、页、宏和模块，所有对象都存放在后缀为.mdb 或.accdb 的数据库文件中，便于用户的操作和管理。

2. 面向对象

Access 是一个面向对象的开发工具，利用面向对象的方式将数据库系统中的各种功能对象化，将数据库管理的各种功能封装在各类对象中。它将一个应用系统当做是由一系列对象组成的，对每个对象它都定义一组方法和属性，以定义该对象的行为和外观，用户还可以按需要给对象扩展方法和属性。通过对象的方法、属性完成数据库的操作和管理，极大地简化了用户的开发工作。同时，这种基于面向对象的开发方式，使得开发应用程序更为简便。

3. 界面友好、易操作

Access 是一个可视化工具，其风格与 Windows 完全一样，用户想要生成对象并应用，只要使用鼠标进行拖放即可，非常直观方便。系统还提供了表生成器、查询生成器、报表设计器以及数据库向导、表向导、查询向导、窗体向导、报表向导等工具，使得操作简便，容易掌握。

4. 集成环境、处理多种数据信息

Access 是基于 Windows 操作系统下的集成开发环境。该环境集成了各种向导和生成器工具，极大地提高了开发人员的工作效率，使得建立数据库、创建表、设计用户界面、设计数据查询、报表打印等可以方便有序地进行。

5. Access 支持 ODBC（Open Data Base Connectivity，开发数据库互联）

利用 Access 强大的 DDE（动态数据交换）和 OLE（对象的联接和嵌入）特性，可以在一个数据表中嵌入位图、声音、Excel 表格、Word 文档，还可以建立动态的数据库报表和窗体等。Access 还可以将程序应用于网络，并与网络上的动态数据相连接。利用数据库访问页对象生成 HTML 文件，轻松构建 Internet/Intranet 的应用。

6. 支持广泛，易于扩展，弹性较大

能够将通过链接表的方式来打开 Excel 文件、格式化文本文件等，这样就可以利用数据库的高效率对其中的数据进行查询、处理。还可以通过以 Access 作为前台客户端，以 SQL Server 作为后台数据库的方式（如 ADP）开发大型数据库应用系统。

1.2.3 Access 数据库对象

Access 的数据库对象是一个容器对象，其中包括了 7 种子对象，分别是：表、查询、窗体、报表、页、宏和模块。它们都存放在一个扩展名为.MDB 的数据库文件中，方便对整个数据库的统一管理。

1. 表对象

表是数据库中存储数据的基本单元，是整个数据库系统的核心。Access 允许在一个数据库中包括多个表，通过在表之间建立关系，可以将不同表中的数据联系起来使用。

表中的数据由行、列组合而成。每一列代表某种特定的数据类型，称之为字段，每一行由各个特定的字段组成，称为记录。表中能够唯一标识每一条记录的字段或字段组合称为关键字，也称为主键。一个打开的表如图 1.13 所示。

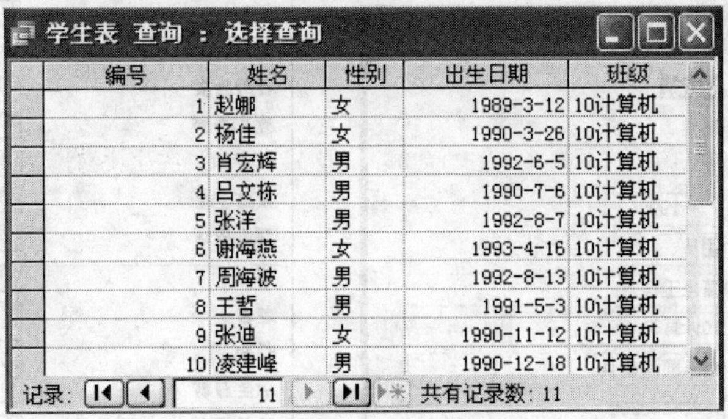
学生表 查询 : 选择查询

编号	姓名	性别	出生日期	班级
1	赵娜	女	1989-3-12	10计算机
2	杨佳	女	1990-3-26	10计算机
3	肖宏辉	男	1992-6-5	10计算机
4	吕文栋	男	1990-7-6	10计算机
5	张洋	男	1992-8-7	10计算机
6	谢海燕	女	1993-4-16	10计算机
7	周海波	男	1992-8-13	10计算机
8	王哲	男	1991-5-3	10计算机
9	张迪	女	1990-11-12	10计算机
10	凌建峰	男	1990-12-18	10计算机

记录: 11 共有记录数: 11

图 1.13 打开的表窗口

2. 查询对象

Access 查询对象是用于查询信息的元素。使用它可以查找符合指定条件的数据，更新或删除记录，对数据执行各种计算。查询结果是以二维表格的形式显示的，如图 1.14 所示。需要注意：查询结果所显示的结果可以来自一个表、多个相关的表或者来自其他已有的查询结果；查询结果只是内存中的一个动态数据集合，并不保存在数据库中。

课程编号	课程名称	学分	课时数
101	计算机网络技术	3	68
102	Access数据库	2	62
103	Java语言	3	58
104	管理信息系统	3	66
105	计算机组装与维护	3	70
106	C语言	2	65
107	软件开发	3	68
108	网站开发与网页制作技术	3	55
109	微机原理	2	60
110	数据结构	3	63
*		0	0

记录: 1 / 共有记录数: 10

图 1.14　打开的查询结果窗口

3. 窗体对象

窗体是 Access 数据库对象中最具灵活的一个对象，它是用户与数据库进行交互的一种界面。可以用来输入数据、输出信息，简化用户操作，提高数据操作的安全性，丰富用户使用界面。图 1.15 是一个打开的学生信息浏览窗体。

在窗体对象中，不仅可以含有普通的文字与数字数据，还可以添加图形、图像、声音等多种数据对象。

4. 报表对象

报表对象的功能是从数据库中提取所需的数据并按照指定的版面布局打印出来。Access 允许把表、查询甚至窗体中的数据结合起来生成报表，在报表中可以添加计算字段用于输出表达式的计算结果，并且可以对所输出的数据进行分组汇总计算，如图 1.16 所示。

图 1.15　窗体示例

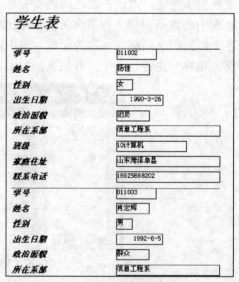

图 1.16　报表示例

5. 页对象

页对象全称是数据访问页对象，是一种特殊类型的网页。其主要功能是用来为 Internet 用户提供一个能够通过 Web 浏览器访问 Access 数据库的操作界面，并可以通过浏览器对数据库的数据进行维护和操作，图 1.17 为界面页对象。

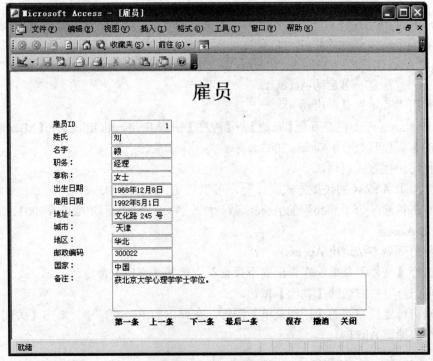

图 1.17　页对象的实例

6. 宏对象

宏对象是一个或多个宏操作的集合，其中的每个宏操作都能实现特定的功能。Access 定义了 50 余种宏操作。宏对象的这些操作功能组织起来可以自动完成特定的数据库操作任务，不需要编程。

7. 模块对象

模块对象是用 VBA（Visual Basic for Applications）语言编写的程序段。对于数据库操作中一些较为复杂或高级的应用，或者是比较特殊和灵活的应用，可以通过编写和运行相应的程序模块来实现。

Access 提供了上述 7 种分工极为明确的对象。从功能和彼此间的关系角度考虑，这 7 个对象分为三个层次：第一层是表和查询对象，用于在数据中存储和查询数据。第二层是窗体、报表、页对象，它们是直接面向用户的对象，用于数据的输入输出和应用系统的驱动控制。第三层是宏和模块对象，它们是代码类对象，用于通过组织宏操作或编写程序来完成复杂的数据库管理工作并使得数据库管理工作自动化。

1.3　Access 的工作界面

要用 Access 管理数据，先要在计算机上安装 Access 软件，还要了解其工作方式。本节主要讲解 Access 的安装、启动与退出及 Access 的窗口界面。

1.3.1 Access 的启动与退出

Access 是 Office 套装软件的一部分，在安装 Office 时，需要选择安装 Access 选项，这样 Access 会和 Office 中其他的软件一起安装到 Windows 系统中。

1. 启动 Access

利用下列方法之一可启动 Access。

（1）使用"开始"菜单启动。

单击 Windows 任务栏左下角【开始】→【程序】→【Microsoft Office】→【Microsoft Office Access 2003】，就可以启动 Access 2003。

（2）使用快捷方式启动。

双击桌面上 Access 的快捷方式图标，可以启动 Access 2003。

（3）双击扩展名为".mdb"的 Access 数据库文件，也可以启动 Access 2003。

2. 退出 Access

可以使用下列方法退出 Access。

（1）选择【文件】菜单，在弹出的下拉菜单中选择【退出】命令。

（2）单击标题栏右端的【关闭】按钮。

（3）双击标题栏左端的【控制菜单】图标，在弹出的下拉菜单中，单击【关闭】命令。

（4）按快捷键 Alt+F4。

1.3.2 Access 的主窗口

启动 Access 之后，首先出现的是 Access 主窗口，其中包括标题栏、菜单栏、工具栏、工作区、状态栏和"开始工作"对话框 5 部分，如图 1.18 所示。

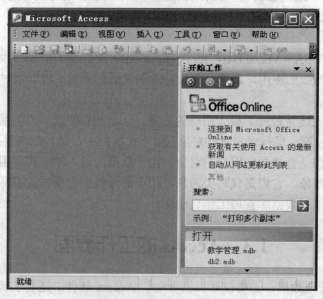

图 1.18　Access 的主窗口

1. 标题栏

标题栏位于 Access 主窗口的顶部，左侧显示应用程序的图标和名称，右侧包含 3 个控制按钮，如图 1.19 所示。

图 1.19　标题栏

2. 菜单栏

标题栏下面是菜单栏，包括"文件""编辑""视图""插入""工具""窗口""帮助"等九个菜单选项，如图 1.20 所示。

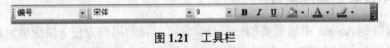

图 1.20　菜单栏

将鼠标指针指向菜单项单击即可打开一个下拉菜单。其中有些菜单项是灰色的，表示不可用，可用菜单呈黑色。

3. 工具栏

菜单栏下面是工具栏，其中的按钮对应一个菜单项的快捷方式，要选择某个按钮，只需单击即可。如果想知道某个按钮是什么功能，只需把鼠标移到该按钮上，停留大约两秒钟，就会出现按钮的功能提示。另外 Access 2003 提供了 20 多种不同环境下使用的工具栏。部分工具栏如图 1.21 所示。

编号	宋体	9	B I U		A	

图 1.21　工具栏

4. 工作区

工作区即 Access 各种工作窗口打开的区域，如图 1.22 所示。

学号	姓名	性别	出生日期	政治面貌	所在系部	班级
▶ 011002	杨佳	女	1990-3-26	团员	信息工程系	10计算
011003	肖宏辉	男	1992-6-5	群众	信息工程系	10计算
011004						
011005						

课程表：表

	课程编号	课程名称	学分	课时数
▶	101	计算机网络技术	3	68
	102	Access数据库	2	62
	103	Java语言	3	58
	104	管理信息系统	3	66
	105	计算机组装与维护	3	70
	106	C语言	2	65
	107	软件开发	3	68
	108	网站开发与网页制作技术	3	55
	109	微机原理	2	60
	110	数据结构	3	63
*			0	0

图 1.22　工作区

5. 状态栏

状态栏位于主窗口的最下方，用于显示当前操作的数据库的工作状态。如图 1.23 所示。

"数据表"视图

图 1.23　状态栏

6."开始工作"对话框

首次打开 Access 主窗口时会同时打开"开始工作"对话框，如图 1.24 所示。在对话框中可以根据需要选择不同选项。例如：可在"打开"栏下列出的最近使用的数据库名称上单击，即可打开数据库文件，单击"新建文件"，"开始工作"对话框变为"新建文件"对话框，如图 1.25 所示，如果单击 × 按钮，则关闭该对话框。

图 1.24　"开始工作"对话框

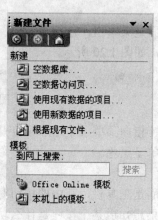

图 1.25　"新建文件"对话框

1.3.3　Access 数据库窗口

数据库窗口是 Access 中最重要的一部分，它可以帮助用户方便、快捷地对数据库进行各种操作。如何打开数据库窗口？数据库窗口中又包含哪些对象呢？

1. 数据库窗口的打开

（1）在 Access 主窗口的"新建文件"对话框的"新建"栏中单击"空数据库"选项，如图 1.26 所示。

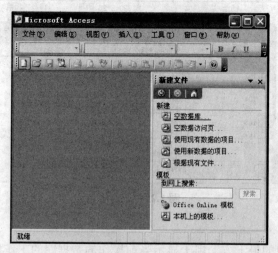

图 1.26　Access 主窗口

（2）在"文件新建数据库"对话框中选择一个数据库文件名称。选择默认的 db1，如图
1.27 所示。

图 1.27 "文件新建数据库"对话框

（3）单击"创建"按钮后在 Access 主窗口中打开数据库窗口，如图 1.28 所示。

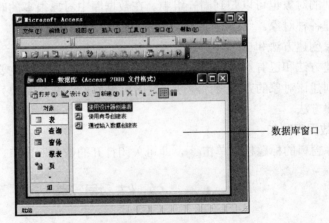

图 1.28 打开数据库窗口

2. 数据库窗口的组成

数据库窗口主要包括标题栏、工具栏、数据库组件框、对象创建方法和已有对象列表区
4 个部分，如图 1.29 所示。

（1）标题栏。

数据库窗口的标题栏与 Access 主窗口中标题栏作用完全相同，这里不再讲述。

（2）工具栏。

数据库窗口的工具栏与 Access 主窗口中工具栏作用相同，单击工具栏上的按钮可执行一
个操作命令，但随着数据库对象的不同，工具栏上会显示不同的功能按钮。

（3）数据库组件框。

数据库组件框包含两个组件："对象"和"组"，如图 1.29 所示。

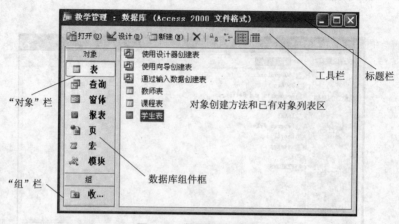

图 1.29　数据库窗口

"对象"栏下列出了 Access 包含的 7 种数据库对象，即：表、查询、窗体、报表、页、宏以及模块。单击不同的对象按钮，可选中不同的对象并对其进行操作。

"组"栏则提供了另一种管理对象的方法，我们可以把那些关系比较紧密的对象分为同一组，不同类别的对象也可以归到同一组中。在数据库中对象很多的时候，用分组的方法可以更方便地管理各种对象。组中有一个默认的"收藏夹"组。

（4）对象创建方法和已有对象列表区。

对象创建方法和已有对象列表区是数据库窗口的主要区域，主要作用是根据选择的数据库对象显示创建该对象的方法及已经创建好的对象列表。图 1.29 中列出了所选表对象的所有表及表的创建方法。

3. 关闭数据库窗口

在数据库窗口的标题栏上单击 ×，即可关闭打开的数据库窗口。

1.4　总　结　提　高

在本章中，主要介绍了数据库的基本概念、Access 数据库简介和 Access 主窗口三方面的内容。

（1）数据库是数据管理的最新技术，是计算机科学的重要分支。本章主要阐述了数据、信息、数据库、数据库系统、数据库管理系统、数据库系统的结构，这些都是基本概念，一定要好好理解。数据模型是对现实世界数据特征的抽象。掌握数据模型的组成及三种重要的数据模型：层次模型、网络模型、关系模型，明确关系模型是当今数据库的主流模型。了解市场上的数据库管理系统软件产品。

（2）Access 是一个功能强大的关系型桌面数据库管理系统，是 Microsoft Office 套件产品之一。了解其主要特点并掌握 Access 数据库的 7 个对象，掌握 Access 主窗口和 Access 数据库窗口的组成，为后面更进一步学习 Access 打下基础。

1.5 知 识 扩 展

由于全国计算机等级考试二级 Access 考试中，笔试有数据结构的内容，因此本节将讲解数据结构的相关内容。

1.5.1 数据结构的基本概念

数据（Data）：信息的载体，能够被计算机识别、存储和加工处理的物理符号。包括文本类型的数据（如：字母、数字、汉字）和多媒体类型的数据（如：声音、动画、图像）。

数据元素（Data Element）：是数据的基本单位，有时也称为元素、结点、顶点、记录，可以由若干个数据项（字段、域、属性）组成。

数据结构（Data Structure）：指的是数据之间的相互关系，即数据的组织形式。其包括三个部分：

（1）逻辑结构：数据元素之间的逻辑关系。

（2）存储结构：数据元素及其关系在计算机存储器内的表示。

（3）数据的运算（算法）：即对数据施加的操作。

数据的逻辑结构有以下两大类。

1. 线性结构

特征是：若结构是非空集，则有且仅有一个开始结点和一个终端结点，并且所有结点最多只有一个直接前趋和一个直接后继，即：一对一，如图 1.30 所示。

例：一维数组、链表、栈、队列、串。

2. 非线性结构

特征是：一个结点可能有多个直接前趋和直接后继。包括：树结构、图结构。

树结构特点：一对多，如图 1.30 所示。

图结构特点：多对多，如图 1.30 所示。

例：多维数组、树、图。

图 1.30 线性结构和非线性结构

数据的存储结构有以下基本存储方法。

1. 顺序存储方法

该方法是将逻辑上相邻的结点存储在物理位置上相邻的存储单元里，结点间的逻辑关系由存储单元的邻接关系来体现，一般通过数组来实现。

2. 链接存储方法

该方法不要求逻辑上相邻的结点在物理位置上亦相邻，结点间的逻辑关系是由附加的指针字段表示的，通过指针类型来实现。

3. 索引存储方法

该方法通常是在存储结点信息的同时，还建立附加的索引表，索引表中的每一项称为索引项，索引项的一般形式是：关键字，地址。

4. 散列存储方法

该方法的基本思想是根据结点的关键字直接计算出该结点的存储地址，通过散列函数实现。例：除余法散列函数、相乘取整法散列函数。

1.5.2 算法

1. 算法的基本概念

所谓算法是指解题方案的准确完整描述。

（1）算法的基本特征。

① 可行性。

② 确定性。

③ 有穷性。

④ 有输入。

⑤ 有输出。

（2）算法的基本要素。

一个算法通常由两种基本要素组成：

① 对数据对象的运算和操作（插入、删除）。

② 算法的控制结构。

一个算法一般都可以用顺序、选择、循环三种基本控制结构组合而成。

2. 算法复杂度

算法的复杂度主要包括时间复杂度和空间复杂度。

（1）算法的时间复杂度。

所谓算法的时间复杂度，是指执行算法所需要的时间总和。

可以用算法在执行过程中所需基本运算的执行次数来度量算法的工作量。

例 1：交换 A 和 B 的内容。

    Temp=A;
    A=B;
    B=Temp.

以上三条语句的频度都为 1，$f(n)=3$，算法的时间复杂度为常数阶，记为 $T(n)=O(1)$。

（2）算法的空间复杂度。

一个算法的空间复杂度，一般是指执行这个算法所需要的内存空间。

1.5.3 线性表及其顺序存储结构

1. 线性表的基本概念

线性表是由 $n(n \geq 0)$ 个数据元素 a_1，a_2，…，a_n 组成的一个有限序列，表中的每一个数据元素，除了第一个元素外，有且只有一个前驱，除了最后一个元素外，有且只有一个后继。即线性表或是一个空表，或可以表示为：

$$L=(a_1,\ a_2,\ \cdots,\ a_i,\ \cdots,\ a_n)$$

非空线性表有以下一些结构特征：

① 有且只有一个开始结点 a_1，它无前驱。

② 有且只有一个终结点 a_n，它无后继。

③ 除开始结点与终端结点外，其他所有结点有且只有一个前驱，也有且只有一个后继。

2. 线性表的存储结构

（1）顺序存储（Sequential List）：将线性表的结点按逻辑次序依次存放在一组地址连续的存储单元里，用这种方法存储的线性表称为顺序表。

（2）链式存储（Linked List）：逻辑上相邻的结点，物理上也相邻，存储单元可以是连续的，也可以是不连续的，在存储每个结点值的同时，还存储指向其后继结点的地址，用这种方法存储的线性表称为链表。

3. 顺序表和链表的比较

（1）基于空间的考虑。

① 顺序表的存储空间是静态分配的，而链表的存储空间是动态分配的。

② 顺序表占的存储空间必须是连续的，而链表占的存储空间可以是连续的，也可是不连续的。

③ 顺序表存储密度为 1，而链表中的每个结点，除了数据域外，还要额外地设置指针域，存储密度小于 1。

（2）基于时间的考虑。

① 在链表中的任何位置上进行插入和删除，只需要修改指针，而顺序表中平均将要移动近一半的结点。

② 顺序表是随机存取结构，它的存取时间为 $O(1)$，而链表需从头结点顺着链扫描链表。

假设线性表中的第一个数据元素的存储地址为 adr(a_1)，每一个数据元素占 K 个字节，则线性表中第 i 个元素 a_i 在计算机存储空间中的存储地址为：

$$\text{adr}(a_1)=\text{adr}(a_1)+(i-1)\times K$$

例2：假设线性中的第一个数据元素 a_1 的存储地址为 2000，每个数据元素占 2 个字节，则第 5 个元素 a_5 的存储地址是多少？

解：由公式得：adr(a_5)=2000+(5-1)×2

=2000+8

=2008

因此 a_5 的存储地址是 2008。

总之，当线性表的长度变化不大，易于事先确定其大小时，为了节约存储空间，宜采用顺序表作为存储结构；当线性表的长度变化较大，难以估计其存储规模时，以采用链表作为存储结构为好。若线性表的操作主要是进行查找，很少做插入和删除操作时，采用顺序表做存储结构为宜；对于频繁进行插入和删除的线性表，宜采用链表做存储结构。

例3：下列叙述中正确的是_____。

A. 顺序存储结构的存储一定是连续的，链式存储结构的存储空间不一定是连续的

B. 顺序存储结构只针对线性结构，链式存储结构只针对非线性结构

C. 顺序存储结构能存储有序表，链式存储结构不能存储有序表

D. 链式存储结构比顺序存储结构节省存储空间

答案： A

解析： 顺序存储方式是把逻辑上相邻的结点存储在物理上相邻的存储单元里，结点之间的关系由存储单元的邻接关系来体现。其优点是占用最少的存储空间。所以选项 D 错误。顺序存储结构可以存储如二叉树这样的非线性结构，所以选项 B 错误。链式存储结构也可以存储线性表，所以选项 C 错误。

例 4： 链表不具备的特点是_____。

A. 可随机访问任意一个结点　　　　B. 插入和删除不需要移动任何元素

C. 不必事先估计存储空间　　　　　D. 所需空间与其长度成正比

答案： A

解析： 顺序表可以随机访问任意一个结点，而链表必须从第一个数据结点出发，逐一查找每个结点。所以答案为 A。

4. 常见的运算

表的初始化、求表的长度、取表中的第 i 个结点、查找结点、插入新的结点、删除结点。

（1）插入运算：在平均情况下，要在线性表中插入一个新元素，需要移动表中一半的元素。因此，在线性表顺序存储的情况下，要插入一个新元素，其效率是很低的。假设线性表中有 n 个元素，在第 i 个位置插入元素，则需要移动 $n-i+1$ 个元素的位置。

（2）删除运算：在平均情况下，要在线性表中删除一个元素，需要移动表中一半的元素。因此，在线性表顺序存储的情况下，要删除一个元素，其效率也是很低的。假设线性表中有 n 个元素，删除第 i 个位置的元素，则需要移动 $n-i$ 个元素的位置。

1.5.4　栈和队列

1. 栈及其基本运算

（1）什么是栈。

① 栈（stack）是限定从一端插入、删除的线性表。

② 通常称插入、删除的一端为栈顶（top），另一端称为栈底（bottom）。

③ 当表中没有元素时称为空栈。

④ 栈的特点：后进先出。

例 5： 若让元素 1，2，3 依次进栈，则出栈次序不可能出现_____种情况。

A. 3，2，1　　　B. 2，1，3　　　　C. 3，1，2　　　　D. 1，3，2

答案： C

解析： 此题解答应根据栈的特点"后进先出"，在 C 中，若要让 3 先出，进栈时的顺序是 1，2，3，栈顶元素 3 出栈，下一个出栈的只能是 2，不能是 1，因此 C 是不可能出现的情况。

（2）栈的顺序存储及其运算。

① 顺序栈：采用顺序存储结构的栈称为顺序栈。

② 为了方便栈的操作设置了"top"指针，规定"top"始终指向当前栈顶元素的位置。

③ 栈的基本运算：空栈、入栈、出栈，操作如图 1.31 所示。

④ 入栈：入栈操作的顺序是先移动 top 指针，元素后入栈。

⑤ 出栈：出栈操作的顺序是元素先出栈，后移动 top 指针。

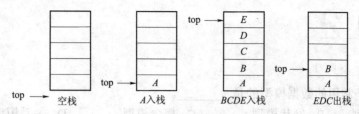

图 1.31　栈的基本运算

2. 队列及其基本运算

（1）什么是队列。

① 队列（queue）是指允许在一端进行插入而在另一端进行删除的线性表。

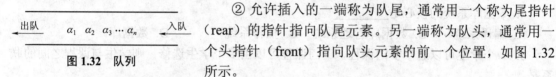

图 1.32　队列

② 允许插入的一端称为队尾，通常用一个称为尾指针（rear）的指针指向队尾元素。另一端称为队头，通常用一个头指针（front）指向队头元素的前一个位置，如图 1.32 所示。

③ 队列的特点：先进先出。

例 6：一个队列的入队序列是 a、b、c、d，则队列的输出序列为＿＿＿＿＿＿。

答案：队列的输出序列为：a、b、c、d。

（2）队列的顺序存储及基本运算。

① 顺序队列：采用顺序存储结构的队列称为顺序队列。

② 基本运算：空队、入队、出队，如图 1.33 所示。

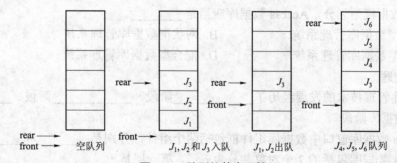

图 1.33　队列的基本运算

（3）循环队列及其运算。

① 在实际应用中，队列的顺序存储结构一般采用循环队列的形式。

② 所谓循环队列，就是将队列存储空间的最后一个位置绕到第一个位置，形成逻辑上的环状空间，如图 1.34 所示。

③ 循环队列的基本操作：入队和出队。

④ 队列初始化：Q.front = Q.rear = 0。

⑤ 队空条件：Q.front == Q.rear。

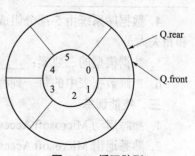

图 1.34　循环队列

⑥ 队满条件：(Q.rear+1)%MAXSIZE == Q.front。

⑦ 队列长度：(Q.rear−Q.front+MAXSIZE)%MAXSIZE。

思考与练习

一、选择题

1. 下列不是常用的数据模型的是_____。

A. 层次模型 　　B. 网状模型 　　　　C. 概念模型 　　　　D. 关系模型

2. Microsoft Access 2003 数据库中包含（　　）个对象。

A. 5 　　　　B. 6 　　　　C. 7 　　　　D. 8

3. Microsoft Access 2003 主系统界面不包括_____。

A. 菜单栏 　　B. 工作区 　　　　C. 标题栏 　　　　D. 数据库

4. 数据库系统的核心是_____。

A. 编译系统 　　B. 数据库管理系统 　　C. 操作系统 　　　　D. 数据库

5. 一个学生可以选修多门课程，一门课程可以由多个学生选修，则学生与课程之间的联系是_____。

A. 一对一 　　　　B. 一对多 　　　　C. 多对一 　　　　D. 多对多

6. Access 数据库文件的扩展名是_____。

A. Doc 　　　　B. Xls 　　　　C. HTML 　　　　D. MDB

7. 在数据库系统的结构中，无论哪一些模式只是处理数据的一个框架，按这些框架填入的数据才是数据库的内容，三级模式之间的联系是通过_____来实现的。

A. 二级映像 　　B. 三级映像 　　　　C. 内模式 　　　　D. 外模式

8. 按照数据模型划分，Access 数据库应当是_____。

A. 层次型数据库管理系统 　　　　B. 网状型数据库管理系统

C. 关系型数据库管理系统 　　　　D. 混合型数据库管理系统

二、填空题

1. 数据库管理技术的发展经历了_____阶段、_____阶段、_____阶段和高级数据库阶段。

2. Access 数据库窗口中数据库组件框包括两个组件，分别是_____和_____。

3. Access 数据库包括的 7 个对象共分为三层，第一层是_____、第二层是_____、第三层是宏和对象。

4. 数据库系统由 5 部分组成，分别是硬件、_____、_____、_____和相关人员。

5. 数据模型的三要素：_____、_____、_____。

6. 二维数据表中的每一列称为_____，第一行称为_____。

三、技能训练

1. 熟悉启动 Microsoft Access 2003 的各种方法。

2. 熟悉退出 Microsoft Access 2003 的各种方法。

3. 认识 Access 2003 主窗口的组成。

4. 熟悉 Access 数据库窗口的组成。

答案：

一、选择题

1. C 2. C 3. D 4. B 5. D 6. D 7. A 8. C

二、填空题

1. 人工管理　文件系统　数据库系统

2. 对象　组

3. 表和查询　窗体、报表和页

4. 操作系统　数据库管理系统　数据库应用系统

5. 数据结构　数据操作　数据的完整性约束

6. 字段　记录

第2章
Chapter 2
构建Access数据库

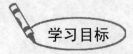

学习目标

1. 了解数据库的六个设计步骤
2. 知道表的三种关系
3. 掌握关系数据库的基本概念
4. 掌握关系数据库的两类运算及关系的完整性
5. 掌握数据库的两种创建方法

2.1　关系数据库

关系数据库采用了关系模型作为数据的组织方式。目前广泛使用的 Visual FoxPro、Access、Oracle 等都是关系数据库管理系统。本节将进一步介绍关系数据库管理系统的基础知识。

2.1.1　关系数据库的基本概念

在关系数据库中，经常会提到关系，属性等概念，为了进一步了解关系数据库，首先给出一些基本概念。

1. 关系

通俗地讲关系就是一张二维表，二维表名就是关系名。

2. 属性

二维表中的列称为属性（字段）；每个属性有一个名称，称为属性名；二维表中对应某一列的值称为属性值。

3. 域

二维表中各属性的取值范围称为域，例如：性别的域为男或女。

4. 元组

二维表中的行称为元组（记录），每张表中可以含多个元组。

5. 关系模式

关系模式是关系名及其所有属性的集合，一个关系模式对应一张表结构。

关系模式的格式：关系名（属性 1，属性 2，…，属性 n）。

例如学生表的关系模式为：学生（学号，姓名，年龄，性别，民族，出生日期）。

6. 候选键

在一个关系中，由一个或多个属性组成，其值能唯一地标识一个元组（记录），称为候选

键，在一个关系上可以有多个候选关键字。

7. 主关键字

有时一个关系中有多个候选关键字，这时可以选择其中一个作为主关键字，简称关键字。主关键字也称为主码或主键。每个关系都有一个并且只有一个主关键字。

8. 外部关键字

如果关系中某个属性或属性组合并非关键字，却是另一个关系的主关键字，则称此属性或属性组合为本关系的外部关键字，简称外键。

例如：职工关系和部门关系分别为：

职工（职工编号，姓名，部门编号，性别，年龄，身份证号码）

部门（部门编号，部门名称，部门经理）

职工关系的主键为职工编号，部门关系的主键为部门编号，在职工关系中，部门编号是它的外键。更确切地说，部门编号是部门表的主键，将它作为外键放在职工表中，实现两个表之间的联系。

2.1.2 关系运算

在关系数据库中访问所需要的数据时，需要对其中的关系进行一定的关系运算。关系运算分为两类：一类是传统的集合运算，另一类是专门的关系运算。

1. 传统的集合运算

进行传统集合运算的两个关系必须具有相同的关系模式，即元组具有相同的结构。

（1）并运算。

设有两个相同结构的关系 R 和 S，R 和 S 的并是由属于 R 或属于 S 的元组组成的集合，记作：R∪S。

（2）差运算。

设有两个相同结构的关系 R 和 S，R 和 S 的差是由属于 R 但不属于 S 的元组组成的集合，记作：R−S。

（3）交运算。

设有两个相同结构的关系 R 和 S，R 和 S 的交是由既属于 R 又属于 S 的元组组成的集合，记作：R∩S。

下面通过实例说明上述 3 种运算，已知两个关系 R 和 S，关系 R 代表一班的学生，关系 S 代表二班的学生，如表 2.1 和表 2.2 所示。

表 2.1 关系 R

学号	姓名
01001	王磊
01003	张晓华
01005	刘洋

表 2.2 关系 S

学号	姓名
01002	王浩田
01003	张晓华
01004	孟德兵

关系 R 和关系 S 的并、差和交运算的结果如表 2.3 所示。

表 2.3（1） R∪S

学号	姓名
01001	王磊
01002	王浩田
01003	张晓华
01004	孟德兵
01005	刘洋

表 2.3（2） R−S

学号	姓名
01001	王磊
01005	刘洋

表 2.3（3） R∩S

学号	姓名
01003	张晓华

2. 专门的关系运算

关系数据库主要有三种专门的关系运算，选择、投影和连接。

（1）选择。

从一个关系中找出满足给定条件元组的操作称为选择。或者说，从一个二维表格中找出满足给定条件的记录集合的操作。选择是从行的角度对二维表格的内容进行筛选。

（2）投影。

从一个关系中找出若干个属性构成新的关系的操作称为投影。或者说，从一个二维表格中找出若干个字段组成新的二维表格的操作。投影是从列的角度对二维表格的内容进行筛选。

（3）连接。

连接运算是指将两个关系中的元组按一定的条件横向结合，拼接成一个新的关系。或者说是将两个数据表格中的记录按一定条件横向结合，拼接成一个新的数据表。

最常见的连接运算是自然连接，它是利用两个关系中共有的一个字段，将该字段值相等的记录内容连接起来，去掉其中的重复字段作为新关系中的一条记录。

下面通过实例说明以上 3 种运算，已知关系 R 代表学生信息表，关系 S 代表学生成绩表，如表 2.4 和表 2.5 所示。

表 2.4　关系 R

学号	姓名	系别
10101	刘春	信息工程系
10102	王磊	信息工程系
10103	郭华	信息工程系
10104	李小明	信息工程系

表 2.5　关系 S

学号	数学	语文
10101	98	90
10102	80	92
10103	87	87
10104	76	85

求关系 S 中满足"语文成绩大于或等于 90 分"的选择操作，结果如表 2.6 所示。

求关系 S 在学号、数学两个属性上的投影操作，结果如表 2.7 所示。

表 2.6　选择操作

学号	数学	语文
10101	98	90
10102	80	92

表 2.7　投影操作

学号	数学
10101	98
10102	80
10103	87
10104	76

求关系 R 和关系 S 的自然连接，结果如表 2.8 所示。

表 2.8 自然连接操作

学号	姓名	系别	数学	语文
10101	刘春	信息工程系	98	90
10102	王磊	信息工程系	80	92
10103	郭华	信息工程系	87	87
10104	李小明	信息工程系	76	85

2.1.3 关系的完整性

关系模型的完整性规则是对关系的某种约束条件，是保证关系中数据正确性的重要手段。在关系模型中有 3 类完整性约束：实体完整性、参照完整性、用户定义完整性。其中前两者是关系模型必须满足的约束条件，被称为关系完整性规则。

1. 实体完整性

实体完整性用来确保关系中的每个元组都是唯一的，即关系中不允许有重复的元组。为了保证实体完整性，关系模型以关键字作为唯一的标识，关系中作为关键字的属性不能取空值和重复值，否则无法识别元组。

例如：对于学生关系和选课关系，学生关系的主键是"学号"，选课关系的主键是"课程号"，受到实体完整性规则的约束，这两个属性的值必须是唯一的、确定的且不能为空，这样才能有效地标识了每名学生和课程。

 温馨小贴士

实体完整性规则：作为主键的属性或属性组的值在关系表中必须是唯一的和确定的。

2. 参照完整性

参照完整性是指两个相关联的数据表中的相关数据是否对应一致。在关系数据库中，关系与关系之间的联系是通过公共属性实现的，这个公共属性是一个表的主键和另一个关系的外键，因此应该对关系中外键作一定的约束——外键必须是另一个表的主键有效值，或者是一个"空值"，以保证关系之间联系的有效性。

例如：在学生关系和选课关系之间的联系是通过学号实现的，为了满足参照完整性规则，选课关系中的学号必须是学生关系中学号的有效值，否则就是违法的数据。同理，选课关系中的课程号必须是课程关系中课程号的有效值，否则也是非法的数据。

 温馨小贴士

参照完整性规则：如果表中存在外键，则外键的值必须与主表中相应的键值相同，或者外键的值为空。

3. 用户定义完整性

用户定义完整性，是指关系中的属性必须满足用户定义的某种特定的数据类型和约束规则，即限定某个属性的取值类型和取值范围。

例如：在学生关系中的成绩字段，规定其取值范围只能是 0~100，否则就是违法的数据，系统应采取相应措施予以提示。

2.2 创建 Access 数据库

在使用具体的 DBMS 创建数据库之前，应根据用户的需求对数据应用系统进行分析和研究，然后再按照一定的原则设计数据库中的具体内容。本节将讲述数据设计的步骤及如何在 Access 中创建数据库。

2.2.1 数据库设计的步骤

1. 确定创建数据库的目的

设计数据库和用户的需求紧密相关。首先，要明确创建数据库的目的以及如何使用，用户希望从数据库得到什么信息，由此可以确定需要什么样的表和定义哪些字段。其次，要与将使用数据库的人员进行交流，集体讨论需要数据库解决的问题，并描述需要数据库完成的各项功能。

2. 确定数据库中需要的表

一个数据库可能是由若干个表组成，所以确定表是数据库设计过程中最重要的环节。在设计表时，就按照以下原则。

（1）各个表不应包含重复的信息。

（2）每个表最好只包含关于一个主题的信息。

（3）同一个表中不允许出现同名字段。

3. 确定字段

确定表的过程实际上就是定义字段的过程，字段是表的结构，记录是表的内容，所以确定字段是设计数据库不可缺少的环节。例如：学生信息表可以包含学号、姓名、性别、年龄、出生日期、籍贯等字段。在定义表中字段时应注意以下几点：

（1）每个字段直接与表的主题相关。

（2）不包含推导或计算的数据。

（3）尽可能包含所需的所有信息。

（4）由于字段类型由输入数据类型决定，这样使得同一字段的值具有相同的数据类型。

4. 确定主键

为了连接保存表中的信息，使多个表协同工作，在数据库表中需要确定主键。

5. 确定表之间的关系

因为已经将信息分配到各个表中，并且定义了主键字段，若想将相关信息重新结合到一起，必须定义数据库中的表与表之间的关系，不同表之间确立了关系，才能进行相互访问。

6. 输入数据

表的结构设计完成之后，就可以向表中输入数据了。

2.2.2 创建数据库

在 Access 中创建数据库，有两种方法：一是使用"向导"创建数据库，即使用系统提供的数据库模版。二是先建立一个空的数据库，然后在向其中添加表、查询等对象。

1. 使用"向导"创建数据库

启动 Access 后，按照以下步骤进行。

（1）选择"文件"→"新建"，或单击"常用"工具栏上的新建按钮" "，或单击"任务窗格"中的"新建文件"选项，打开"新建文件"任务窗格，如图 2.1 所示。

图 2.1 新建文件窗格

（2）在"新建文件"任务窗格中，单击"本机上的模板"选项，弹出"模板"对话框，再选择"数据库"选项卡，如图 2.2 所示。

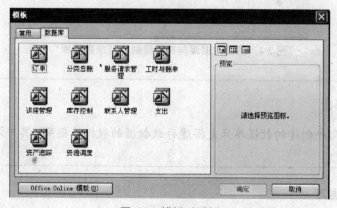

图 2.2 模板对话框

（3）在"模板"对话框中，选择要创建的数据库类型模板的图标，然后单击"确定"，弹出"文件新建数据库"对话框，如图 2.3 所示。

图 2.3　"文件新建数据库"对话框

（4）在"文件新建数据库"对话框中指定数据库的名称和保存的位置，然后单击"创建"按钮。

（5）按照"数据库向导"的指导进行操作，主要是选择表中的字段、屏幕显示样式、打印报表所用样式等。

使用数据库向导生成的数据库包括表、查询、窗体等对象，如图 2.4 所示。

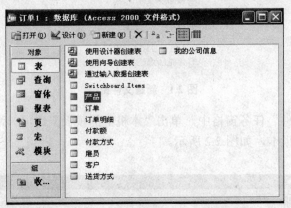

图 2.4　使用数据库向导创建的"订单数据库"

 温馨小贴士

利用数据库向导创建的数据库只是搭建存放数据的数据库框架，其中没有任何数据，需要用户自己输入。

2. 创建空数据库

在启动 Access 后，可以用下面的方法创建空数据库：

（1）选择"文件"→"新建"，或单击"常用"工具栏上的新建按钮，或单击"任务窗格"中的"新建文件"选项，打开"新建文件"任务窗格，如图 2.1 所示。

（2）在"新建文件"任务窗格中，单击"空数据库"选项，弹出"文件新建数据库"对话框，如图 2.3 所示。

（3）在"文件新建数据库"对话框中指定数据库的名称和保存的位置，然后单击"创建"按钮，出现图 2.5 所示的窗口，这样一个空数据库创建完毕。

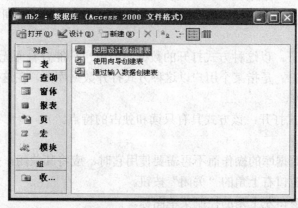

图 2.5　新建的数据库窗口

 温馨小贴士

以上方法创建的数据库是一个空壳子，不仅没有数据，而且没有数据库对象，需要用户自行添加。

2.2.3　数据库的打开与关闭

1. 数据库的打开

如果要打开已经创建好的数据库，步骤如下：

（1）执行"文件"菜单中的"打开"命令，或单击工具栏上的"打开"按钮，弹出"打开"对话框，如图 2.6 所示。

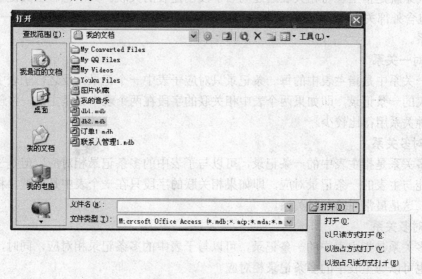

图 2.6　"打开"对话框

（2）在"打开"对话框中选择要打开的数据文件，单击"打开"即可。

在打开数据库时，可以使用以下4种方式。

① 以共享方式打开：这是默认打开数据库的方式，允许在同一时间内有多个用户同时打开使用并修改。

② 以只读方式打开：以这种方式打开的数据库，用户只能查看而无法编辑其内容。

③ 以独占方式打开：是指某个用户以这种方式打开数据库后，在这个用户使用期间其他用户无法访问该数据库。

④ 以独占只读方式打开：该方式具有只读和独占的特点。

2. 数据库的关闭

当用户完成了对数据库的操作而不再需要使用它时，应将其关闭，关闭方法如下。

（1）单击数据库窗口右上角的"关闭"按钮。

（2）双击数据库窗口左上角的控制菜单图标。

（3）执行"文件"菜单下的"关闭"命令。

2.3 Access 表的关系

表是数据库中最重要的对象，它是用来存放数据的场所，一个数据库中可以包含多个表，表与表之间有哪些关系呢，这节将讲解。

2.3.1 表的构成元素

表由字段、记录、值、主关键字和外部关键字组成。具体定义前面已讲解，这里不做陈述。

2.3.2 表的关系

表的关系就是指主表与相关表通过同名字段创建表的关联。其中包含主关键字的表称为"主表"，包含外部关键字的表称为子表。表的关系分为三种类型：一对一关系、一对多关系、多对多关系。

1. 一对一关系

一对一关系中是指主表中的每一条记录只对应子表中一个记录；反之，子表中的记录也只对应主表的一条记录，即如果两个表中相关联的字段在两个表中都是主键，将创建一对一关系，这种关系用得比较少。

2. 一对多关系

一对多关系是指主表中的一条记录，可以与子表中的多条记录相对应，但是子表中的一条记录只能与主表的一条记录对应，即如果相关联的字段只在一个表中是主键，将创建一对多的关系，这是最常用的一种关系。

3. 多对多关系

多对多关系是指主表中的一条记录，可以与子表中的多条记录相对应，同时，子表中的一条记录也可以与主表中的多条记录相对应。

温馨小贴士

Access 不支持多对多的关系，所以对于多对多的关系要通过一个中间表进行。

例如：在"教学管理"数据库中，有三个表："学生表""成绩表"和"家长联系表"，"学生表"和"家长联系表"的主键都是"学号"，因此两表建立一对一的关系（如图 2.7 所示）。此外"学生表"和"成绩表"也可通过"学号"字段建立关系，因"学号"字段是"学生表"的主键，但不是"成绩表"的主键，所以这两个表之间就能以"学生表"为主表，以"成绩表"为子表，建立一对多的关系（如图 2.7 所示）。

至于如何查看、删除、建立表的关系，后续章节将会讲解。

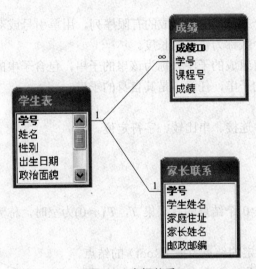

图 2.7　表间关系

2.4　总 结 提 高

在本章中，主要介绍了关系数据库、创建数据库的方法以及表的关系三个方面的内容。

1. 关系数据库

关系数据库是建立在关系数据库模型基础上的数据库，借助于集合代数等概念和方法来处理数据库中的数据。关系、属性、域、值、关系模式、关键字这些都是基本概念，要牢牢记住；掌握关系数据库的三个专门运算：选择、投影和连接；记住关系的三个完整约束：实体完整性、参照完整性、用户定义完整性。

2. Access 中两种常用的创建数据库的方法

直接创建空数据库、利用向导创建数据库，在两种常用的创建数据库的方法中，创建空数据库的优势在于灵活，可以让用户任意在数据库中根据自己的需要添加表、查询、窗体或报表信息；利用模板向导创建数据库的优势在于快捷，可以让用户快速创建一个现成的数据库，然后再根据自己的需求进行修改。

3. 表

表是数据库中最重要的对象，它是用来存放数据的场所，一个数据库中可以包含多个表，知道表的三种关系：一对一关系、一对多关系、多对多关系。

2.5 知 识 扩 展

上节的知识扩展已经讲述了数据结构的算法、算法复杂度、数据结构的基本概念、线性表及其顺序存储以及栈和队列五方面的内容，本节将继续讲解其他内容。

2.5.1 串

1. 串的定义

串（String）：是零个或多个字符组成的有限序列。用单引号或双引号括起来。

串中所包含的字符个数称为该串的长度。

串中任意个连续字符组成的子序列称为该串的子串，包含子串的串相应地称为主串。

注：空串是任意串的子串，任意串是其自身的子串。

2. 串的基本运算

求串长、串复制、串连接、串比较、字符定位。

2.5.2 树

1. 树的定义

树（Tree）：是 $n\,(n \geqslant 0)$ 个结点的有限集 T，$T\,(n=0)$ 为空时，称为空树，否则它满足如下两个条件：

（1）有且仅有一个特定的结点为根（Root）的结点。

（2）其余的结点可分为 $m\,(m \geqslant 0)$ 个互不相交的子集 T_1，T_2，…，T_m，其中每个子集本身又是一棵树，并称其为根的子树（Subtree），如图 2.8 所示。

2. 树的相关术语

（1）度：一个结点拥有的子树数为该结点的度。一棵树的度是指该树中结点的最大度数。

（2）叶子：度为零的结点称为叶子或终端结点。

（3）分支结点：度不为零的结点称为分支结点。

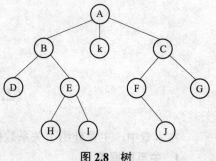

图 2.8 树

（4）树中某个结点的子树之根称为该结点的孩子（Child）结点或子结点，相应的该结点称为孩子结点的双亲结点或父结点。

（5）同一个双亲的孩子互称为兄弟结点。

（6）结点的层数：是从根起算，设根的层数为 1，其余结点的层数等于其双亲结点的层数加 1。

（7）树中结点的最大层数称为树的高度或深度。

（8）森林：是 $m\,(m \geqslant 0)$ 棵互不相交的树的集合。删去一棵树的根，就得到一个森林，反之，加上一个结点作树根，森林就变为一棵树，如图 2.9 所示，由三棵树构成的森林。

3. 二叉树（Binary Tree）

1）二叉树的定义

二叉树是 $n(n \geq 0)$ 个结点的有限集，它或者是空集（$n=0$），或者由一个根结点及两棵互不相交的、分别称作这个根的左子树和右子树的二叉树组成，图2.10所示。

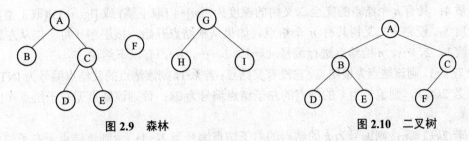

图 2.9 森林   图 2.10 二叉树

2）二叉树的特点

二叉树中，每个结点最多只能有两棵子树，并且有左右之分。

3）二叉树的五种基本形态

二叉树的五种基本形态如图2.11所示。

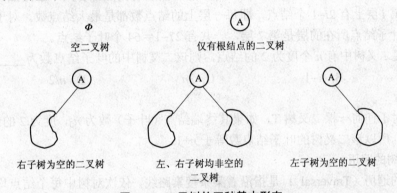

图 2.11 二叉树的五种基本形态

例1：具有 3 个结点的二叉树有　5　种不同的形态。

4. 两种特殊的二叉树

（1）满二叉树（Full Binary Tree）：一棵深度为 k 且有 2^k-1 个结点的二叉树称为满二叉树，如图2.12（1）所示。

（2）完全二叉树（Complete Binary Tree）：若一棵二叉树至多只有最下面的两层上结点的度数可以小于 2，并且最下一层上的结点都集中在该层最左边的若干位置上，则此二叉树称为完全二叉树，如图2.12（2）所示。

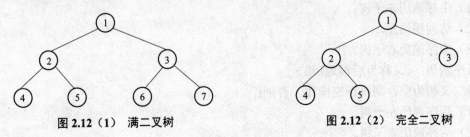

图 2.12（1） 满二叉树   图 2.12（2） 完全二叉树

5. 二叉树的性质

性质 1：二叉树第 i 层上的结点数目最多为 2^{i-1}（$i \geq 1$）。

性质 2：深度为 k 的二叉树至多有 2^k-1 个结点（$k \geq 1$）。

性质 3：在任意一棵二叉树中，若终端结点的个数为 n_0，度为 2 的结点数为 n_2，则 $n_0 = n_2 + 1$。

性质 4：具有 n 个结点的完全二叉树的深度为 $[\lg n]+1$（取下整）或 $[\lg(n+1)]$（取上整）。

性质 5：设完全二叉树共有 n 个结点。如果从根结点开始，按层序（每一层从左到右）用自然数 1，2，…，n 给结点进行编号（$k=1$，2，…，n），有以下结论：

① 若 $k=1$，则该结点为根结点，它没有父结点；若 $k>1$，则该结点的父结点编号为 INT（$k/2$）。

② 若 $2k \leq n$，则编号为 k 的结点的左子结点编号为 $2k$；否则该结点无左子结点（也无右子结点）。

③ 若 $2k+1 \leq n$，则编号为 k 的结点的右子结点编号为 $2k+1$；否则该结点无右子结点。

例 2： 在深度为 7 的满二叉树中，叶子结点的个数为_____。

A. 32　　　　　B. 31　　　　　C. 64　　　　　D. 63

答案： C

解析： 满二叉树是指除最后一层外，每一层上的所有结点都有两个子结点的二叉树。满二叉树在其第 i 层上有 $2i-1$ 个结点，即每一层上的结点数都是最大结点数。对于深度为 7 的满二叉树，叶子结点所在的层是第 7 层，一共有 27-1＝64 个叶子结点。

例 3： 某二叉树中有 n 个度为 2 的结点，则该二叉树中的叶子结点数为_____

A. $n+1$　　　　B. $n-1$　　　　C. $2n$　　　　D. $n/2$

答案： A

解析： 对于任何一棵二叉树 T，如果其终端结点（叶子）数为 n_0，度为 2 的结点数为 n_2，则 $n_0 = n_2 + 1$。所以该二叉树的叶子结点数等于 $n+1$。

6. 二叉树的遍历

二叉树的遍历（Traversal）：是指沿着某条搜索路线，依次对树中每个结点均做一次且仅做一次访问。

前序遍历：（又称为先序遍历、先根遍历）

若二叉树为空，则执行空操作。否则：

（1）访问根结点。

（2）前序遍历左子树。

（3）前序遍历右子树。

中序遍历：（又称为中根遍历）

若二叉树为空，则执行空操作。否则：

（1）中序遍历左子树。

（2）访问根结点。

（3）中序遍历右子树。

后序遍历：（又称为后根遍历）

若二叉树为空，则执行空操作。否则：

（1）后序遍历左子树。

（2）后序遍历右子树。

（3）访问根结点。

例4：已知某二叉树的后序遍历序列是 DACBE，中序遍历序列是 DEBAC，则它的前序遍历序列是_____。

A. ACBED　　　　B. DEABC　　　　C. DECAB　　　　D. EDBAC

答案：D

解析：后序遍历的顺序是"左子树–右子树–根结点"；中序遍历顺序是"左子树–根结点–右子树"；前序遍历顺序是"根结点–左子树–右子树"。根据各种遍历算法，不难得出前序遍历序列是 EDBAC。所以答案为 D。

例5：对下列二叉树进行中序遍历的结果是_____。

A. ACBDFEG　　B. ACBDFGE

C. ABDCGEF　　D. FCADBEG

答案：A

解析：二叉树中序遍历的含义是，首先遍历左子树，然后访问根结点，最后遍历右子树，其左右子树中也按这样的顺序遍历，中序遍历二叉树的过程是一个递归的过程。根据题目中给出的二叉树的结构（如图 2.13 所示）可知，中序遍历的结果是 ACBDFEG。

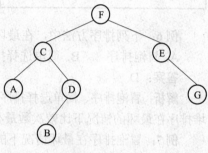

图 2.13　例 5 的图

2.5.3　排序（Sort）

1. 排序的定义

所谓排序，就是指整理文件中的记录，使之按关键字递增（或递减）次序排列起来。

2. 几种常见的排序

（1）冒泡排序（Bubble Sorting）。

通过对待排序序列从后向前或从前向后（从下标较大的元素开始），依次比较相邻元素的排序码，若发现逆序则交换，使排序码大的元素逐渐从前部移向后部或较小的元素逐渐从后部移向前部（从下标较大的单元移向下标较小的单元）。

（2）简单选择排序（Selection Sorting）。

扫描整个线性表，从中选出最小的元素，将它交换到表的最前面；然后对剩下的子表采用同样的方法，直到子表空为止。

（3）直接插入排序（Insertion Sorting）。

每次将一个待排序的记录，按其关键字大小插入到前面已经排好序的子文件中的适当位置，直到全部记录插入完成为止。

（4）快速排序（Quick Sorting）。

快速排序也称堆排序。任取待排序序列中的某个元素作为基准（一般取第一个元素），通过一趟排序，将待排元素分为左右两个子序列，左子序列元素的排序码均小于或等于基准元素的排序码，右子序列的排序码则大于基准元素的排序码，然后分别对两个子序列继续进行排序，直至整个序列有序。

3. 各种排序方法的比较

各种排序方法的比较，如表 2.9 所示。

表 2.9　各种排序方法的比较

排序方法	时间复杂度			空间复杂度
	最好时间	平均时间	最坏时间	
直接插入	$O(n)$	$O(n^2)$	$O(n^2)$	$O(1)$
直接选择	$O(n^2)$	$O(n^2)$	$O(n^2)$	$O(1)$
冒　泡	$O(n)$	$O(n^2)$	$O(n^2)$	$O(1)$
快　速	$O(n\lg n)$	$O(n\lg n)$	$O(n^2)$	$O(\lg n)$
堆	$O(n\lg n)$	$O(n\lg n)$	$O(n\lg n)$	$O(1)$

例 6：下列排序方法中，在最坏的情况下比较次数最少的是_____。

A. 冒泡排序　　 B. 简单选择排序　　 C. 直接插入排序　　 D. 堆排序

答案：D

解析：冒泡排序、简单选择排序和直接插入排序在最坏的情况下比较次数都是"$n(n-1)/2$"，堆排序在最坏的情况下比较次数最少，是"$O(n\lg 2n)$"。

例 7：冒泡排序在最坏情况下的比较次数是_____。

A. $n(n+1)/2$　　 B. $n\log 2n$　　　 C. $n(n-1)/2$　　　 D. $n/2$

答案：C

解析：冒泡排序的基本思想是对当前未排序的全部结点自上而下依次进行比较和调整，让键值较大的结点下沉，键值较小的结点往上冒。也就是说，每当两相邻结点比较后发现它们的排列与排序要求相反时，就将它们互换。对 n 个结点的线性表采用冒泡排序，冒泡排序的外循环最多执行 $n-1$ 遍。第一遍最多执行 $n-1$ 次比较，第二遍最多执行 $n-2$ 次比较，依次类推，第 $n-1$ 遍最多执行 1 次比较。因此，整个排序过程最多执行 $n(n-1)/2$ 次比较。

2.5.4　查找（Searching）

1. 查找的定义

所谓查找是指给定一个值 K，在含有 n 个结点的表中找出关键字等于给定值 K 的结点。若找到，则查找成功，返回该结点的信息或该结点在表中的位置；否则查找失败，返回相关的提示信息。

2. 几种常见的查找

（1）顺序查找（Sequential Search）。基本思想是：从表的一端开始，顺序扫描线性表，依次将扫描到的结点关键字和给定值 K 相比较，若当前扫描到的结点关键字与 K 相等，则查找成功；若扫描结束后，仍未找到关键字等于 K 的结点，则查找失败。顺序查找既适用顺序存储结构，又适用链式存储结构。

查找成功的平均查找长度为：$(1+2+3+4+\cdots+n)/n=(n+1)/2$。

（2）二分查找（Binary Search）。

二分查找又称折半查找，它是一种效率较高的查找方法，二分查找要求线性表是有序表，即表中结点按关键字有序，并且要用向量作为表的存储结构。另外，二分查找只适用顺序存储结构，在链式存储结构上无法实现二分查找。

例8： 在长度为 64 的有序线性表中进行顺序查找，最坏情况下需要比较的次数为_____。

A. 63   B. 64   C. 6   D. 7

答案： B

解析： 顺序查找是从线性表的第一个元素开始依次向后查找，如果线性表中的第一个元素就是要查找的元素，则只需要做一次比较就能查找成功；但如果要查找的元素是线性表中的最后一个元素，或者要查找元素不在线性表中，则需要与线性表中所有元素进行比较，这是顺序查找的最坏情况，比较次数为线性表的长度。

思考与练习

一、选择题

1. 关系数据库管理系统应能实现的专门关系运算包括_____。

A. 排序、索引、统计   B. 选择、投影、连接

C. 关联、更新、排序   D. 显示、打印、制表

2. 自然连接是构成新关系的有效方法。一般情况下，当对关系 R 和 S 使用自然连接时，要求 R 和 S 含有一个或多个共有的_____。

A. 元组   B. 行   C. 记录   D. 属性

3. 不是关系数据库的基本术语的是_____。

A. 记录   B. 字段   C. 数据项   D. 模型

4. 设"销售员"表中有员工编号、姓名、性别、年龄、职位等字段，其中可作为主关键字的字段是_____。

A. 员工编号   B. 姓名   C. 性别   D. 职位

5. 以下_____不属于 Access 的数据库打开方式。

A. 以共享方式打开   B. 以只读方式打开

C. 以随机方式打开   D. 以独占方式打开

6. 在教师表中，如果要找出职称为"教授"的教师，所采用的关系运算是_____。

A. 连接   B. 选择   C. 投影   D. 自然连接

7. Access 中表和数据库的关系是_____。

A. 一个表可以包含多个数据   B. 一个数据库只能包含一个表

C. 一个数据库可以包含多个表   D. 一个表只能包含两个数据库

8. 数据表中的"行"称为_____。

A. 记录   B. 数据视图   C. 字段   D. 数据

9. 关系数据库管理系统中所谓的关系是指_____。

A. 数据模型符合满足一定条件的二维表格

B. 数据库中各个字段之间彼此有一定的关系

C. 各条记录中的数据彼此有一定的关系

D. 一个数据库文件与另一个数据库文件之间有一定的关系

10. 表之间的关系有_____。

A. 一对一　　　B. 一对多　　　　C. 多对多　　　　D. 以上都是

二、技能训练

1. 利用"向导"创建"教学管理"数据库。

2. 在 D 盘上创建一个名为"学生信息"的空数据库。

答案：

一、选择题

1. B　2. B　3. D　4. A　5. C　6. C　7. C　8. A　9. A　10. D

第 3 章

创建与使用表

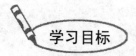

学习目标

1. 掌握 3 种创建表结构的方法：利用设计器、向导和输入数据创建表
2. 掌握设置表字段属性的方法
3. 掌握向表中输入数据的方法
4. 掌握导入与导出数据的方法
5. 掌握表间关系的设置方法及设置原则

3.1 构建表结构

如果要用 Access 数据库数据，必须将数据存放在表中。表是 Access 数据库的基础，是存储数据的容器。其他数据库对象，如查询、窗体、报表等都是在表对象基础上建立并使用的。在一个空数据库建好后，要先建立表对象，并建立各表之间的关系，以提供数据的存储构架，然后逐步创建其他 Access 对象，最终形成完备的数据库。简言之，在设计数据库时，应在创建任何其他数据库对象之前先创建数据库的表。

表由表结构和表内容组成。其中表结构就是数据表的框架，主要由每个字段的字段名、数据类型和属性等组成。表内容就是表的记录。一般来说，先创建表（结构），然后再输入数据。

Microsoft Access 2003 提供多种创建表结构的方法，本节着重介绍 3 种创建表结构的方法：一是使用表设计器，这是一种最常用的方法；二是在输入数据创建表结构，这种方法比较简单，但无法对每一字段的数据类型、属性进行设置，一般还需要在设计视图中进行修改；三是通过表向导创建表结构，其创建方法与使用数据库向导创建数据库的方法类似。

3.1.1 利用向导创建表结构

利用向导创建表结构可以从 Access 预先定义的表中选择字段，然后再根据向导提示逐步完成表结构的创建，这是快速创建表结构的一种方式。

下面用实例说明如何利用向导创建表结构。

【操作实例 1】利用 Access 表向导在"教学管理"数据库中创建"学生表"。

操作步骤：

（1）启动 Access 2003 应用程序，打开要创建表的数据库"教学管理"。

（2）使用下面的一种方法，启动"表向导"对话框。

方法 1：

① 在如图 3.1 所示"教学管理"数据库窗口的"对象"栏中单击"表"选项，然后单击数据库工具栏上的"新建"按钮。

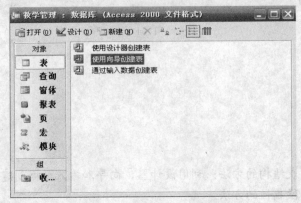

图 3.1 "教学管理"数据库窗口

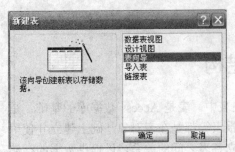

图 3.2 "新建表"对话框

② 弹出"新建表"对话框，如图 3.2 所示。右侧列表显示了各种类型的表。单击"表向导"选项，单击"确定"按钮，弹出"表向导"对话框，如图 3.3 所示。

方法 2：

双击图 3.1 所示数据库窗口中的"使用向导创建表"选项，也可以弹出如图 3.3 所示的"表向导"对话框。

（3）在弹出的"表向导"对话框的"商务"和"个人"单选框中选择需要的类型。本例选中"个人"单选框。如图 3.3 所示，在左侧的"示例表"中显示了各种类型的表，用户可以根据需要进行选择。在选中某种类型的表时，在对话框中间的"示例字段"列表中显示了和所选表相关的字段。

本例选择"示例表"中的"地址"选项，则在"示例字段"列表中显示了"地址 ID""名字""姓氏"等相关的字段。

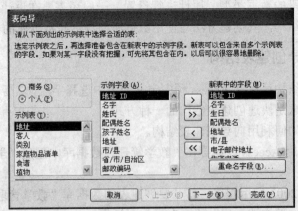

图 3.3 "表向导"对话框：选择合适的表

温馨小贴士

①在中间"示例字段"列表框中选择需要的字段，然后单击按钮 >，使之逐一添加到右边"新表中的字段"中。

②如果需要将全部的字段添加到右边，则可使用按钮 >>，实现全部添加。

③如果添加了不必要的新字段，则可通过按钮 < 将其移出。

④对于新表中新添加的字段，可通过"新表中的字段"框下面的"重命名字段"对字段进行重命名。例如，将"地址 ID"重命名为"学号"，如图 3.4 所示。

图 3.4 "重命名字段"对话框

（4）重复（3）中的操作，将需要的字段依次添加到"新表中的字段"列表框中，然后单击"下一步"按钮。

（5）弹出"表向导"的"确定表名"对话框，在"指定表的名称"文本框中输入建立的表的名称，此处输入"学生表"，在"请确定是否用向导设置主键"栏中按需要选中单选框，此处选中"不，让我自己设置主键"单选框，如图 3.5 所示。然后单击"下一步"按钮。

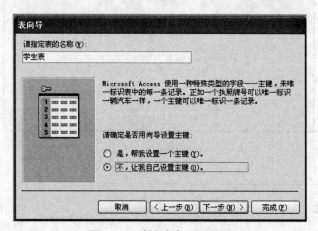

图 3.5 "确定表名"对话框

（6）弹出"表向导"的"确定主键"对话框，如图 3.6 所示。在"请确定哪个字段将拥有对每个记录都是唯一的数据"列表中，选择"学号"作为主键；在"请指定主键字段的数据类型"选项组中有"让 Microsoft Access 自动为新记录指定连续数字""添加新记录时我自己输入的数字"和"添加新记录时我自己输入的数字和/或字母"3 个单选框，单击"让 Microsoft Access 自动为新记录指定连续数字"，系统会自动为新记录指定连续的数字。

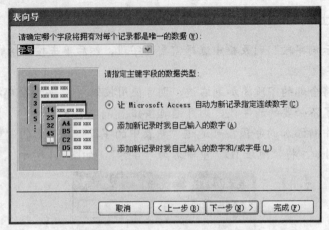

图 3.6 "确定主键"对话框

（7）弹出"请选择向导创建完表之后的动作"的"表向导"对话框，根据需要进行选择，此处选中"直接向表中输入数据"单选框，如图 3.7 所示，然后单击"完成"按钮。

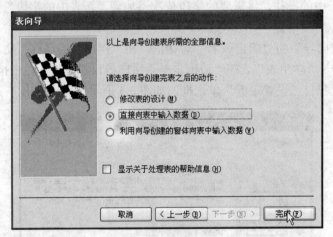

图 3.7 "选择创建表后的动作"对话框

温馨小贴士

　　单击"修改表的设计"单选按钮，可以修改表的设计；单击"直接向表中输入数据"单选按钮，可向表中输入数据；单击"利用向导创建的窗体向表中输入数据"单选按钮，可以让向导创建一个输入数据的窗体。

　　（8）弹出创建的"学生表"，如图 3.8 所示，在其中显示了设置的字段，直接向表中输入数据，或直接创建空的数据表，以后再向里输入数据。

　　（9）单击菜单栏上的"文件"→"保存"选项，或直接单击工具栏上的"保存"按钮，将表进行保存，此时数据库"教学管理"窗口中会显示已创建的表"学生表"。

图 3.8 表向导创建的"学生表"结构

归纳分析

（1）使用向导创建表实质上是用户在 Access 提供的"表向导"的引导下，从 Access 提供的示例表中选定某个表作为基础来创建所需的表，用此方法创建的表已经指定了字段名及数据类型，省去了逐一定义字段的麻烦，但很多情况下不能满足用户的实际要求。

（2）如果使用"表向导"创建出来的表还不符合用户的要求，用户可以通过设计视图对其进行修改。

3.1.2 利用表设计器创建表结构

虽然向导提供了一种简单快捷的方法来建立表结构，但如果向导不能提供用户所需要的字段，用户还得重新创建。这时，绝大多数用户都是在表设计器中来设计表结构的。

如果用"表设计器"创建表结构，则在自定义创建表的过程中可以指定数据的类型。"表设计器"也称作"表的设计视图"。

下面用实例说明如何利用表设计器创建表结构。

【操作实例 2】利用 Access 表设计器在"教学管理"数据库中创建"教师表"。

操作步骤：

（1）启动 Access 2003 应用程序，打开要创建表的数据库"教学管理"。

（2）单击如图 3.9 所示的数据库窗口中的"表"对象标签，打开"表"对象窗口，然后再用下面的其中一种方法，打开"表设计器"。

方法 1：

双击窗口中的"使用设计器创建表"选项。

方法 2：

单击"使用设计器创建表"选项，再单击工具栏上"设计"或"打开"按钮。

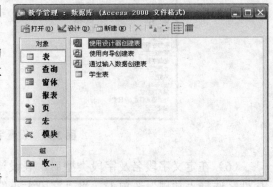

图 3.9 打开"表"对象窗口

方法 3：

单击数据库工具栏上的"新建"按钮。弹出"新建表"对话框，单击"设计视图"选项，双击该选项或单击"确定"按钮。

（3）弹出"表设计器"（表设计视图），如图 3.10 所示。

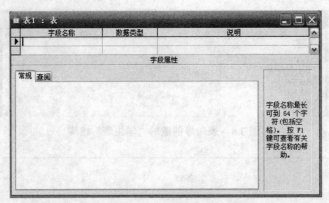

图 3.10　表设计器

表设计器共有 3 列，分别是"字段名称""数据类型"和"说明"。单击"字段名称"下的空单元格，即可输入字段名；单击"数据类型"下的空单元格，会出现列表框，单击列表框的箭头，将显示全部数据类型，选择所需类型；"说明"的内容是用户给每个字段的备注信息，用于解释数据表的创建目的，为表的维护提供帮助。表设计器下半部分是字段属性区，用来设置字段的属性值。

（4）在第一个"字段名称"列处输入"教工号"文字。如图 3.11 所示。

（5）单击其右侧的表格或按 Tab 键或按"→"键，均可在该表格中显示 Access 2003 默认数据类型"文本"，同时出现向下箭头，单击该箭头可以调出列表框，如图 3.11 所示，单击所需要的数据类型。在"说明"列中可输入说明信息。

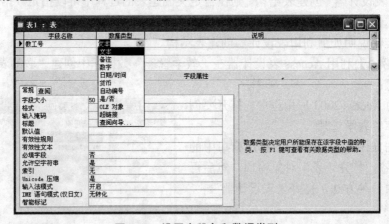

图 3.11　设置字段名和数据类型

（6）在定义字段名及字段类型后，表设计器窗口下方就会显示相应字段的属性。在字段属性区选择"常规"选项卡，将"字段大小"数值框中其默认数值 50 改成 10，在"必填字段"文本框中选择"是"。

关于字段属性的设置我们将在以后章节中详细讲述。

（7）将光标移到下一个字段名称处，输入另一个字段，如此操作直至所有数据输入完成。

（8）设计好字段名称和类型后，选中其中的"教工号"字段，然后单击工具栏上的"主键"按钮 ，将该字段设置为主键，每个表都应该有一个主键。该字段前面会出现主键标志 。

如图 3.12 所示。

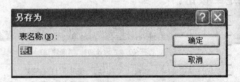

图 3.12　设置"教工号"为主键

（9）单击"保存"按钮，弹
出"另存为"对话框。如图 3.13
所示，在"表名称"文本框内输
入文本"教师表"，再单击"确
定"按钮。

图 3.13　"另存为"对话框

 归纳分析

（1）如果不用向导建立表，则应考虑数据的类型。如果用"表设计器"创建表，则在自定义创建表的过程中可以指定数据的类型。

（2）表设计视图是创建表结构以及修改表结构最快速、最有效的窗口。

（3）表的"设计视图"分为上、下两部分。上半部分是字段输入区，下半部分是字段属性区。

上半部分的字段输入区包括字段名称列、数据类型列和说明列。字段输入区的一行可用于定义一个字段。字段名称列用来对字段命名。数据类型列用来对该字段指定数据类型。说明列用来对该字段进行必要的说明描述，仅起注释作用，以提高可读性。

下半部分的字段属性区用于设置字段的属性。

（4）可以在表设计视图下对已建的"教师表"结构进行修改。修改时只要单击要修改字段的相关内容，并根据需要输入或选择所需内容即可。

3.1.3　通过输入数据创建表结构

Access 2003 还提供了一种通过输入数据建立表结构的方法，即在"数据表视图"中建立表结构，如果一个表中字段少，而且所要存储的数据量少，可用此方法建立表结构。

通过输入数据创建表，就像直接在表中输入数据记录一样。用此方法创建的表，其字段名使用默认的字段名（段 1，字段 2，……），创建过程中，不需要考虑字段类型及属性，Access 2003 会根据输入的记录自动指定字段类型。

下面将会介绍如何通过输入数据创建表结构。

【操作实例 3】通过输入数据在"教学管理"数据库中创建"课程表"。

操作步骤：

（1）启动 Access 2003 应用程序，打开要创建表的数据库"教学管理"。

（2）单击"教学管理"数据库窗口中"表"对象标签，打开"表"对象窗口，如图 3.14 所示，然后再用下面的其中一种方法，打开"数据表视图"对话框。

方法 1：

单击右侧列表框中的"通过输入数据创建表"选项，然后单击工具栏上的"打开"按钮或双击"通过输入数据创建表"选项。

方法 2：

单击工具栏上的"新建"按钮，在弹出的"新建表"对话框中选择"数据表视图"选项，单击"确定"按钮。

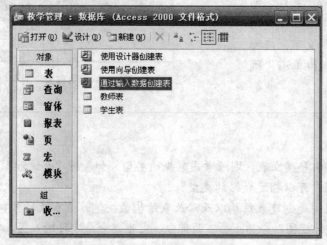

图 3.14　打开"表"对象窗口

（3）弹出数据表视图，字段名称一行分别显示"字段 1""字段 2"等，这时可以重命名字段。如图 3.15 所示。

图 3.15　数据表视图

温馨小贴士

重命名字段可用下面两种方法：

①双击字段名，然后直接输入重命名的文字。

②右击要重命名的字段，在弹出的菜单中选择"重命名列"选项，这时就可以输入要重命名后的名称。

此例中，选用"双击字段名"的方法对字段进行重命名。双击"字段 1"，输入"课程编号"，双击"字段 2"，输入"课程名称"。用同样方法，输入其他字段名。如图 3.16 所示。

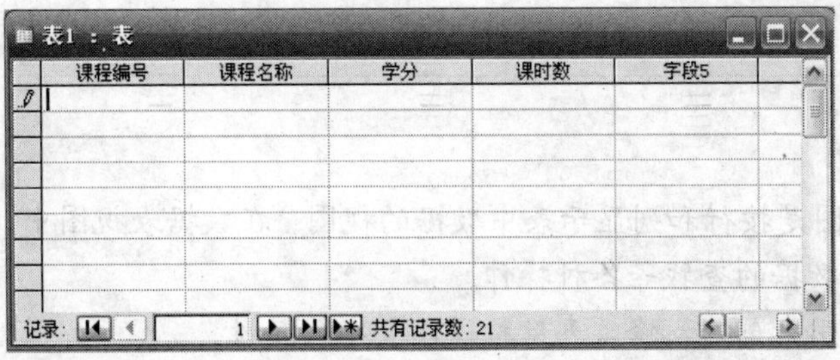

图 3.16　重命名字段

（4）依次对字段重命名后再向其中输入数据，如图 3.17 所示。

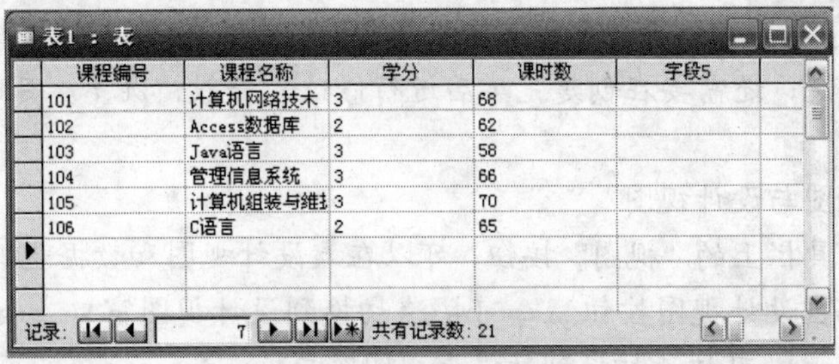

图 3.17　"课程表"中数据

（5）输入完数据后，单击菜单栏上的"文件"→"保存"选项，或单击工具栏上的"保存"按钮，将创建的数据表进行保存，弹出"另存为"对话框，如图 3.18 所示。

（6）在"表名称"文本框中输入表的名称，例如，输入"课程表"，然后，单击"确定"按钮，由于在前面的操作中并未创建主键，所以会弹出一个"创建主键"的提示框，如图 3.19 所示。

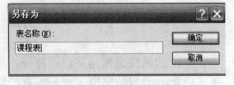

图 3.18　"另存为"对话框

图 3.19　"Microsoft Office Access"创建主键提示框

温馨小贴士

在提示"是否创建主键？"对话框中，如果单击"是"按钮，Access 立即为该新建的表创建一个"自动编号"数据类型的名为"编号"的字段作为该表的主键，这种主键的值自动从 1 开始增加。如果单击"否"按钮，即不创建"自动编号"数据类型的字段为主键，而由用户自己添加。如果单击"取消"按钮，则放弃保存表的操作。

本例中，单击"否"按钮。

（7）如果想修改表结构，如修改字段或设置主键，可切换到"设计视图"下进行修改。

归纳分析

（1）数据表视图是按行和列显示表中数据的视图。在数据表视图中，可以进行字段的编辑、添加、删除和数据的查找等各种操作。

设计视图主要用来创建、修改表结构，设置字段属性。

（2）通过输入数据建立表结构，只定义了表中字段名，没有定义每个字段的数据类型和属性。此时，如果向表中输进数据，Access 将根据所输入的数据进行判断，如果输入的是字符，则定义为文本类型；如果向表中输入的是数值，则定义为数字类型。如果不输入数据，则 Access 将每个字段的数据类型都定义为文本型。显然，尽管这种方法速度快，但对于比较复杂的表结构来说，还需要在创建完毕后进行修改。一般情况下，可以利用"设计视图"修改表结构。

（3）数据表视图与设计视图

通过主窗口工具栏上的"视图"按钮，可以在表设计视图和数据表视图中快速切换。在数据表视图窗口单击设计视图按钮▨，可快速切换到设计视图窗口。而在设计视图窗口单击数据表视图按钮▨，可快速切换到数据表视图窗口。

3.2　设置字段属性

字段的属性是描述字段的特征，用于控制数据在字段中的存储、输入或显示方式等。对于不同数据类型的字段，它所拥有的字段属性是各不相同的。

字段属性包括"常规"和"查询"两类，常用的属性主要是"常规"中的字段大小、格式、输入掩码、标题等。字段属性可在创建表结构或修改表结构的时候根据需要进行设置。下面将介绍在部分进行字段属性设置时所遇到的属性。

3.2.1　设置"字段大小"属性与"格式"属性

1. 设置"字段大小"属性

"字段大小"属性用于定义文本、数字或自动编号数据类型字段的存储空间。当输入的数据超过该字段设置的字段大小时，系统将拒绝接收。字段大小属性只适用于文本、数字或自动编号类型的字段。文本型字段的字段大小属性取值范围是 0~255，其默认值为50；对于数字类型字段，可在其对应的字段大小属性单元格中自带的列表中选择某一种类型，如整型、长整型等；自动编号型字段的字段大小属性可设置为"长整型"和"同步复制 ID"两种。

【操作实例4】设置"学生"表中"姓名"字段的字段大小。

操作步骤：

（1）启动 Access 2003 应用程序，打开要创建表的数据库"教学管理"。在"教学管理"数据库窗口中的"表"对象下，单击"学生表"，然后单击"设计"按钮 ，打开设计视图。

（2）在设计视图中，单击"姓名"字段行这一列，此时在"字段属性"区中显示了该字段的所有属性。如图 3.20 所示。

（3）在"字段属性"区中的"字段大小"文本框中输入 8。

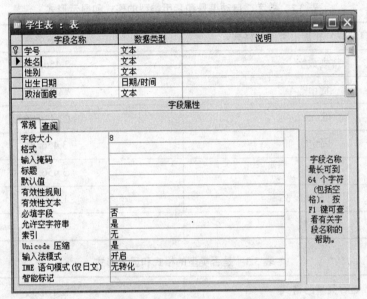

图 **3.20** 设置"字段大小"属性

说明：在设定"字段大小"属性时，为加快处理速度，占用内存越小，尽量使用小的类型。对于已有数据的文本字段，减小字段大小可能会使数据丢失，因为 Access 会截去超出所限制的字符。如果在数字字段中包含小数，在将字段大小属性设置为整数时，Access 自动将小数取整。所以在修改字段大小属性时要非常小心。如果文本型字段的值是汉字，则每个汉字占两位。

2. 设置"格式"属性

"格式"属性可以设置字段数据的显示或输入格式，在窗体中显示的数据可以和输入的数据形式不同，格式的设置只改变数据的显示，而不影响数据的输入和存储，不同类型的数据格式有所不同。如表 3.1、表 3.2、表 3.3 所示。

表 3.1 日期时间类型的格式和显示形式

日期时间类型的格式	显示形式
常规日期	1994-6-19　17:34:23
长日期	1994 年 6 月 19 日星期日
中日期	94-06-19
短日期	1994-6-19
长时间	17:34:23
中时间	下午 5:34
短时间	17:34

表 3.2 数字、自动编号和货币类型的格式和显示形式

数字、自动编号和货币类型的格式	显示形式
常规数字	3 456.789
货币	¥3 456.79
欧元	€3 456.79
固定	3 456.79
标准	3 456.79
百分比	123.00%
科学计数	3.46E+03

表 3.3 是否类型的格式和显示形式

是否类型的格式	显示形式
真/假	True
是/否	Yes
开/关	On

【操作实例 5】设置"学生表"中"出生日期"字段的格式。

（1）在"教学管理"数据库窗口中的"表"对象下，单击"学生表"，然后单击"设计"按钮 ，打开设计视图。

（2）在设计视图中，单击"出生日期"字段行。

（3）单击"格式"属性框，然后单击右侧向下箭头按钮，从列表中选择"短日期"。如图 3.21 所示。

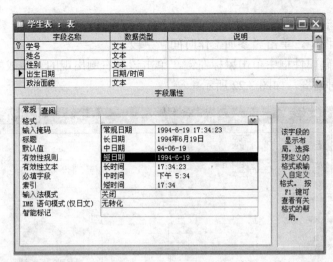

图 3.21 字段 "格式" 属性

归纳分析

（1）通过 "字段大小" 属性，文本、数字，自动编号等类型的字段可以指定字段大小、字符个数或数值范围。

（2） "格式" 属性只影响数据的屏幕显示方式和打印方式，不影响数据的存储方式。它对不同的数据类型使用不同的设置。若要让数据按输入时的格式显示，则不要设置 "格式" 属性。预定义格式可用于设置自动编号、数字、货币、日期/时间和是/否等字段，对文本、备注、超级链接等字段则没有预定义格式，可以自定义格式。

3.2.2 设置 "输入掩码" 属性

利用格式属性可以使数据的显示统一美观。但应注意，格式属性只影响数据的显示格式，并不影响其在表中存储的内容，而且显示格式只有在输入的数据被保存之后才能应用。如果需要控制数据的输入格式并按输入时的格式显示，则应设置输入掩码属性。

"输入掩码" 也叫 "输入模板"，用于设置字段、文本框以及组合框的数据格式，并对允许输入的数据类型进行控制，从而可以保证输入数据格式标准的一致，同时能防止输入有误。例如：在密码框中输入的密码不能显示出来，只能以 "*" 形式显示，那么只需要在 "输入掩码" 文本框内设置为 "*" 即可。再例如， "学号" 字段可设置输入掩码为：00000000，可确保必须输入 8 个数字字符。 "办公电话" 字段输入掩码可设置为：###—########。

输入掩码可以打开一个向导，根据提示输入正确的掩码。

下面将通过实例介绍如何设置 "输入掩码" 属性。

【操作实例 6】通过输入掩码向导设置 "教师" 表中 "参加工作时间" 的输入掩码属性为 "短日期"。

操作步骤：

（1）在 "教学管理" 数据库窗口中的 "表" 对象下，单击 "教师表"，然后单击 "设计"

按钮 ![]，打开设计视图。

（2）在设计视图中，单击"参加工作时间"字段。

（3）在输入掩码属性框中单击鼠标左键，单击该框右侧出现的"生成器"按钮![]，启动"输入掩码向导"对话框，如图 3.22 所示。

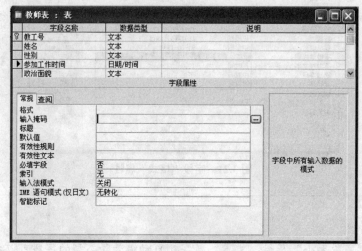

图 3.22　设置"输入掩码"

（4）在该对话框的"输入掩码"列表框中选择"短日期"选项，然后单击"下一步"按钮，弹出对话框，如图 3.23 所示。

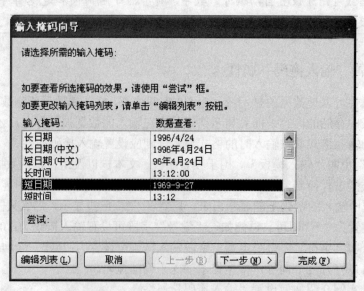

图 3.23　"输入掩码向导"第一个对话框

（5）在该对话框中，选择输入的掩码方式"0000/99/99"和占位符"_"。如图 3.24 所示。

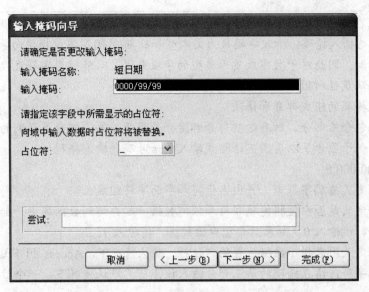

图 3.24 "输入掩码向导"第二个对话框

（6）单击"下一步"按钮，在弹出的对话框中单击"完成"按钮，系统会自动创建输入掩码。将会在教师表设计视图中"参加工作时间"字段属性的"输入掩码"栏内显示"0000/99/99;0;"。如图 3.25 所示。

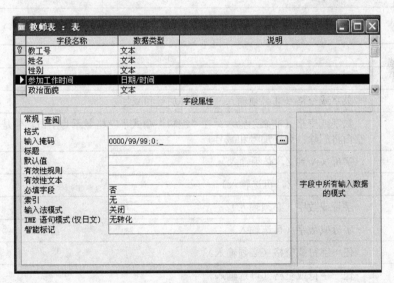

图 3.25 "输入掩码"的样式

 归纳分析

（1）输入掩码用于定义数据的输入格式。在创建输入掩码时，可以使用特殊字符来要求某些必须输入的数据（例如，电话号码的区号），而其他数据则是可选的（例如电话分机号码）。这些字符指定了在输入掩码中必须输入的数据类型，例如数字或字符。

（2）如果在数据上定义了输入掩码同时又设置了格式属性，在显示数据时，格式属性将优先，而忽略输入掩码。输入掩码只为文本型和日期/时间型字段提供向导，其他数据类型没有向导帮助。因此对于数字或货币类型的字段来说，只能使用字符直接定义输入掩码属性。输入掩码属性所用字符及含义如表 3.4 所示。

（3）输入掩码的组成部分和语法。

输入掩码包含三部分，所有这些部分都用分号隔开。第一部分是强制的，其余部分是可选的。以下例子显示了以美国英语格式输入电话号码的输入掩码：

（999）000-000;0;-

第一部分定义掩码字符串，并由占位符和字面字符组成。

第二部分定义是否希望将掩码字符和任何数据一起存储到数据库中。如果希望同时存储掩码和数据，请输入 0。如果只希望存储数据，请输入 1。

第三部分定义用来指示数据位置的占位符。默认情况下，Access 用下划线"_"。如果希望使用其他字符，请在掩码的第三部分输入该字符。默认情况下，一个位置只接受一个字符或空格。

在前面的示例掩码中，用户必须以美国英语格式输入电话号码。该掩码使用两个占位符，即 9 和 0。9 指示可选位（您并不总是输入区号），而 0 指示强制位。第二部分中的 0 指示随数据一起存储掩码字符，该选项使数据更易读。最后，第三部分将连字符"–"而不是下划线"_"指定为占位符。

表 3.4　输入掩码属性所用字符及含义

字符	说　　明
0	数字（0 到 9，必须输入，不允许加号［+］与减号［–］）
9	数字或空格（非必须输入，不允许加号和减号）
#	数字或空格（非必须输入；在"编辑"模式下空格显示为空白，但是在保存数据时空白将删除；允许加号和减号）
L	字母（A 到 Z，必须输入）
?	字母（A 到 Z，可选输入）
A	字母或数字（必须输入）
a	字母或数字（可选输入）
&	任一字符或空格（必须输入）
C	任一字符或空格（可选输入）
．，：；-／	小数点占位符及千位、日期与时间的分隔符。（实际的字符将根据 Windows "控制面板"中"区域设置属性"对话框中的设置而定）
<	将所有字符转换为小写
>	将所有字符转换为大写
!	使输入掩码从右到左显示，而不是从左到右显示。键入掩码中的字符始终都是从左到右填入。可以在输入掩码中的任何地方包括感叹号
\	使其后的字符以字面字符显示（例如：\A 只显示为 A）

3.2.3 设置"有效性规则"和"有效性文本"属性

当输入数据时,有时会将数据输入错误,如将薪资多输入一个 0,或输入一个不合理的日期。这些错误可以利用"有效性规则"和"有效性文本"两个属性来避免。

"有效性规则"属性可输入公式(可以是比较或逻辑运算组成的表达式),用在将来输入数据时,对该字段上的数据进行查核工作,如查核是否输入数据、数据是否超过范围等;"有效性文本"属性可以输入一些要通知使用者的提示信息,当输入的数据有误或不符合公式时,自动弹出提示信息。

下面将详细介绍如何设置"有效性规则"和"有效性文本"属性。

【操作实例7】设置"学生表"中"性别"字段的"有效性规则"属性为"男"或"女",将"性别"字段的"有效性文本"属性设置为"请输入男或女!"。

操作步骤:

(1)在"教学管理"数据库窗口中的"表"对象下,单击"学生表",然后单击"设计"按钮 ,打开设计视图。

(2)在设计视图中,单击"性别"字段。

(3)在"字段属性"区中的有效性规则属性框中输入:In("男","女"),如图 3.26 所示。

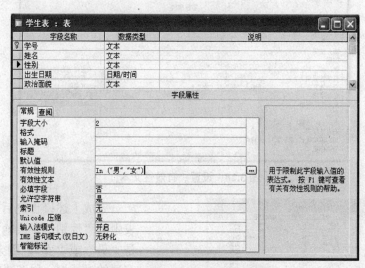

图 3.26 设置"有效性规则"属性

 温馨小贴士

还可单击有效性规则属性框右侧出现的"生成器"按钮 ,可启动表达式生成器对话框,利用表达式生成器输入有效性规则表达式。如图 3.27 所示。

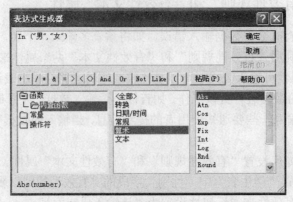

图 3.27 用"表达式生成器"设置"有效性规则"

（4）在"有效性文本"属性框中输入：请输入"男"或"女"!，如图 3.28 所示。

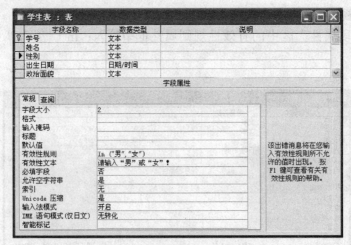

图 3.28 设置"有效性文本"

图 3.29 "有效性文本"属性的使用

完成上述操作之后，再向"学生"表中的"性别"字段输入数据，如果不是"男"或"女"，则会弹出一个输入有误的对话框，如图 3.29 所示。同时，所输入的数据也不能保存在表中，必须重新输入。这样设置能够有效防止输入有误。

 归纳分析

（1）"有效性规则"和"有效性文本"属性的作用。

输入数据按指定要求输入，若违反"有效性规则"，将会显示"有效性文本"设置的提示信息，设置该属性可以防止非法数据的输入。

（2）有效性规则的形式。

有效性规则的形式及设置目的随字段的数据类型不同而不同。对文本类型字段，可以设置输入的字符个数不能超过某一个值。对数字类型字段，可以让 Access 只接受一定范围内的数据。对日期/时间类型字段，可以将数值限制在一定的月份或年份以内。

3.2.4 设置其他字段属性

在表设计视图窗口的"字段属性"选项区域中，还有多种属性可以设置，如"默认值"属性、"必填字段"属性、"索引"属性、"标题"属性等。本小节将对这些属性进行介绍。

1. "默认值"属性

"默认值"属性可以为一个字段指定一个默认值，在添加新记录时，可以减少用户输入该字段数据的工作量。默认值在新建记录时会自动输入到字段中。默认值属性设置最大长度 255 个字符。

例如：在"学生"表中可以将"性别"字段的默认值设为"男"。当用户在"学生"表中添加记录时，既可以接受该默认值"男"，也可以输入"女"去替换"男"。

2. "标题"属性

字段的"标题"属性是设置在窗体或报表中显示的用于描述字段的标签，最多为 255 个字符。若没有设置标题则以字段名称为标签，所以字段名称应简单明了，直接在"标题"右侧的文本框中输入就可以进行设置。

3. "必填字段"属性

此属性值为"是"或"否"项。设置"是"时，表示此字段值必须输入，设置为"否"时，可以不填写本字段数据，允许此字段值为空。

4. "索引"属性

设置索引有利于对字段的查询、分组和排序，此属性用于设置单一字段索引。属性值有三种，一是"无"，表示无索引；二是"有（重复）"，表示字段有索引，输入数据可以重复；三是"有（无重复）"，表示字段有索引，输入数据不可以重复。

【操作实例 8】 在"学生表"中为字段设置"默认值"属性、"必填字段"属性、"索引"属性、"标题"属性。

操作步骤：

（1）为"班级"字段设置"标题"属性。

① 在"教学管理"数据库窗口中的"表"对象下，单击"学生表"，然后单击"设计"按钮 ✎，打开设计视图。

② 在设计视图中，单击"班级"字段。在"标题"属性框中输入："所在班级"，如图 3.30 所示。

学生表 : 表
字段名称
数据类型
说明
学号
文本
姓名
文本
性别
文本
出生日期
日期/时间
政治面貌
文本
所在系部
文本
班级
文本
家庭住址
文本
字段属性
常规
查阅
字段大小
20
格式
输入掩码
标题
所在班级
默认值
有效性规则
有效性文本
必填字段
否
允许空字符串
是
索引
无
Unicode 压缩
是
输入法模式
开启
IME 语句模式(仅日文)
无转化
智能标记
字段名称最长可到 64 个字符(包括空格)。按 F1 键可查看有关字段名称的帮助。

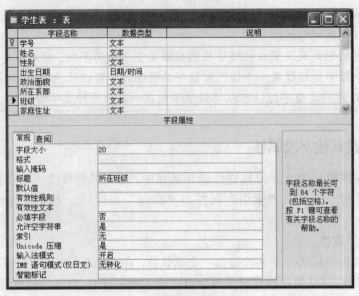

图 3.30　设置“标题”属性

③ 单击工具栏中“视图”按钮▦，可看到在数据表视图中显示的字段标题，如图 3.31 所示。

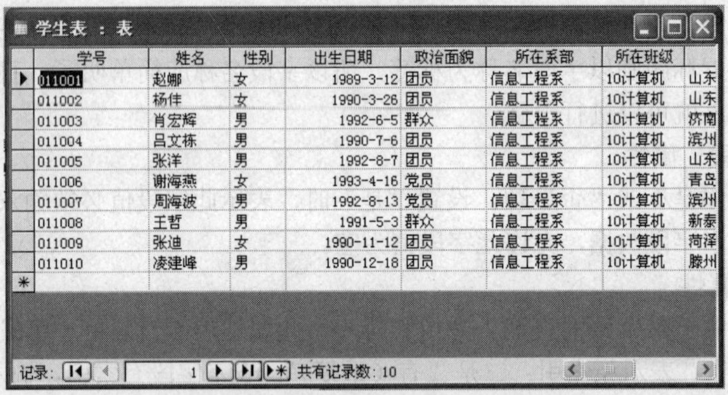

学生表 : 表
学号
姓名
性别
出生日期
政治面貌
所在系部
所在班级
011001
赵娜
女
1989-3-12
团员
信息工程系
10计算机
山东
011002
杨佳
女
1990-3-26
团员
信息工程系
10计算机
山东
011003
肖宏辉
男
1992-6-5
群众
信息工程系
10计算机
济南
011004
吕文栋
男
1990-7-6
团员
信息工程系
10计算机
滨州
011005
张洋
男
1992-8-7
团员
信息工程系
10计算机
山东
011006
谢海燕
女
1993-4-16
党员
信息工程系
10计算机
青岛
011007
周海波
男
1992-8-13
党员
信息工程系
10计算机
滨州
011008
王哲
男
1991-5-3
群众
信息工程系
10计算机
新泰
011009
张迪
女
1990-11-12
团员
信息工程系
10计算机
菏泽
011010
凌建峰
男
1990-12-18
团员
信息工程系
10计算机
滕州
记录:
1
共有记录数: 10

图 3.31　在数据表视图中显示的字段标题

（2）为“性别”字段设置“默认值”属性。

单击“性别”字段行，在字段属性区中默认值属性框内键入“男”。

（3）为“学号”字段设置“必填字段”属性。

单击“学号”字段行，在字段属性区中必填字段属性框中选择“是”。如图 3.32 所示。

（4）为“学号”字段设置“索引”属性。

单击“学号”字段行，单击索引属性框，然后单击右侧向下箭头按钮，从弹出的列表框中选择“有（无重复）”选项。如图 3.32 所示。

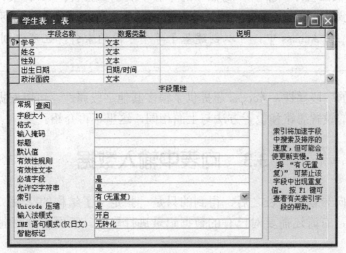

图 3.32 设置"必填字段"和"索引"属性

 温馨小贴士

可以选择的索引属性选项有 3 个,如表 3.5 所示。

表 3.5 索引属性选项说明

索引属性值	说 明
无	该字段不建立索引
有(有重复)	以该字段建立索引,且字段中的内容可以重复
有(无重复)	以该字段建立索引,且字段中的内容不能重复,这种字段适合做主键

归纳分析

(1)"标题"属性值用于在数据表视图、窗体和报表中替换该字段名,但不改变表中的字段名。

(2)"默认值"属性设置添加新记录时的自动输入值,它用于简化输入,通常在某字段数据内容相同或含有相同部分时使用。它可以是与字段数据类型相匹配的任何值,可在数据输入过程修改默认值,默认值可以是常量或表达式,可以直接输入"默认值"也可以通过向导完成"默认值"的设定。例如,如果希望一个日期/时间型字段的值为当前系统日期,可以在该字段的默认值属性框中输入表达式:Date()。注意,如要设置默认值属性,必须与字段数据类型相匹配。

(3)字段的"必填字段"属性是指指定该字段的值是否必须要填写,除了"自动编号"和"查阅向导"两个类型的字段,其他类型的字段都有此属性。此属性有"是"和"否"两个取值。

（4）如果字段设置了"索引"属性，则可对字段建立索引，从而能够迅速对字段进行查询，同时还能加速排序和分组操作。索引有三个取值：无索引、有索引（有重复）、有索引（无重复）。在 Access 中，可以创建基于单个字段的索引，也可以创建基于多个字段的索引。

除上面介绍的字段属性，Access 还提供了很多其他字段属性。可以根据需要进行选择和设置。这些属性的设置思路和设置方法与上面相同，这里不再介绍。

3.3　向表中输入数据

用设计器或向导创建完表之后，得到的只是一张定义了结构的空表，我们还需要向表中添加数据记录，有时还需要对已有的数据记录进行修改。下面将介绍向表中输入数据的方法。

3.3.1　向表中输入不同数据

"自动编号"类型的字段在添加新记录时自动完成。"文本""数字""日期/时间""货币""备注"及"是/否"等数据类型的记录数据可以直接在数据表中输入。"OLE 对象"类型的记录数据输入方法比较特殊。

下面将通过实例说明如何向表中输入不同数据。

【操作实例 9】在"教师表"中输入各种不同数据。

操作步骤：

（1）在数据库窗口的左边单击"表"对象，然后在左边的数据库表的列表中双击"教师表"，打开数据表视图。

（2）从第一个记录开始按照字段名称一个个输入数据，每输入完一个字段按 Enter 键或按 Tab 键转至下一个字段。也可以按向右的方向键，跳转到下一个字段继续输入。

（3）向"照片"字段中输入 OLE 对象，应先将鼠标定位到要输入数据的单元格，然后单击菜单栏上"插入"→"对象"选项，如图 3.33 所示，或单击鼠标右键，在弹出的快捷菜单中选择"插入对象"命令。

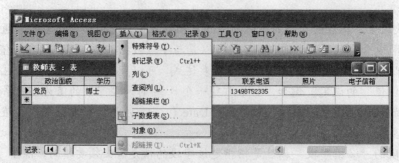

图 3.33　选择"插入对象"命令

（4）弹出"Microsoft Office Access"对话框，在其中可选择创建新的 OLE 对象或由原来磁盘中存的文件创建 OLE 对象。如图 3.34 所示。

若选中"新建"单选按钮，则在"对象类型"列表框中单击选中需要创建的 OLE 对象，然后单击"确定"按钮，此时会打开所选类型的程序来创建对象。

若选中"由文件创建"单选按钮，则单击"浏览"按钮，选择对象所在的位置，然后单击"确定"按钮，这样对象就插入到表中了。

本例中选择"由文件创建"。

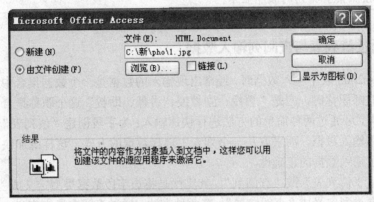

图 3.34 "插入对象"对话框

（5）向电子信箱字段输入超链接型数据。

① 单击菜单栏上"插入"→"超链接"命令，或单击主窗口工具栏中的插入超链接按钮，启动"插入超链接"对话框。如图 3.35 所示。

② 在该对话框中单击"电子邮件地址"按钮。

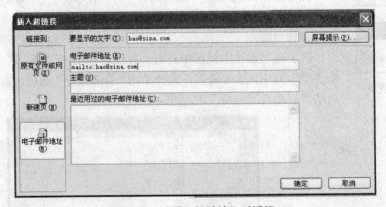

图 3.35 "插入超链接"对话框

③ 在"要显示的文字"文本框中输入在"教师表"中要显示的文字，如 hao@sina.com。

④ 在"电子邮件地址"文本框中输入真正的电子信箱地址，如 hao@sina.com，系统会自动添加"mailto:"。

⑤ 单击"确定"按钮可将此超链接数据输入到"教师表"中。

> **归纳分析**
>
> 　　在 Access 的数据表视图中，如果表为空，就直接从第一条记录的第一个字段开始输入数据，每输入一个字段值，按 Enter 键或 Tab 键，也可以按向右的方向键，跳转到下一个字段继续输入。如果表中已经有数据了，则只能在表的最后一行的空记录中输入数据，不能在两条记录之间插入记录，记录在表中的存放顺序是按照向表中添加记录的先后顺序存放的，但在显示时，按照索引排列的顺序显示。

3.3.2　通过值列表与查阅列输入数据

　　在向 Access2003 表中输入数据时，经常出现输入的数据是一个数据集合中的某个值的情况。例如输入教师职称时，应是"教授、副教授、讲师、助教"这个职称集合中的某个值。对于这样的数据，可通过两种简单的方法进行快速输入：为字段创建"值列表"或"查阅列"，这样就可以不用输入数据，而采取从一个列表中选择数据的方式。这样既加快了数据输入的速度，又保证了输入数据的正确性。

　　为字段创建"值列表"或"查阅列"，其实就是将该字段数据类型定义成"查阅向导"。

　　将字段数据类型定义成"查阅向导"，有两种方法：通过查阅向导来定义，或者通过字段属性的"查阅"属性来定义。

　　下面就详细说明如何用这两种方法输入数据。

1. 创建"值列表"

　　值列表的数据来源应该说是固定的，如图 3.36 所示，在输入"学生表"中"政治面貌"字段数据，可从值列表中选择即可。

　　【操作实例 10】 通过"查阅向导"为"教师表"中"职称"字段创建值列表。

　　操作步骤：

　　（1）在"设计"视图中打开"教师表"，选择"职称"字段，在"数据类型"列中，单击箭头并选择单击"查阅向导"选项，如图 3.37 所示，启动"启动查阅向导"对话框。

图 3.36　值列表

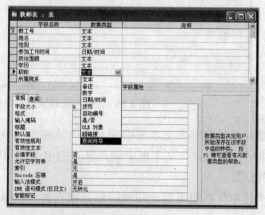

图 3.37　在表设计器中启动查阅向导

（2）在打开的"请确定查阅获取其数值的方式"对话框中，选中"自行键入所需的值"单选按钮，然后单击"下一步"按钮，如图 3.38 所示。

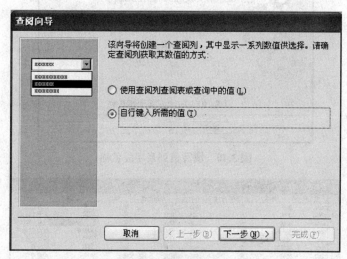

图 3.38　确定值列表的数据来源

（3）在打开的"请确定在查阅列中显示哪些值"对话框中，依次在列表中输入"教授""副教授""讲师"和"助教"，然后单击"下一步"。如图 3.39 所示。

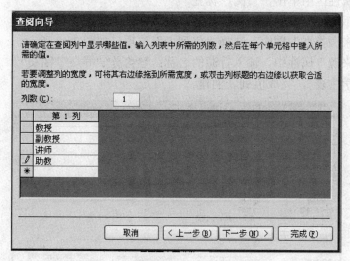

图 3.39　填写值列表中提供的数据

（4）在出现的对话框中可以确定值列表字段标签，如图 3.40 所示。

（5）单击"完成"按钮，出现保存表对话框，单击"是"按钮，即可完成"查阅向导"字段的创建。创建的值列表如图 3.41 所示。

【操作实例 11】通过字段"查阅"属性为"学生表"中"政治面貌"字段创建值列表。

操作步骤：

（1）在"设计"视图中打开"学生表"，单击"政治面貌"字段行。

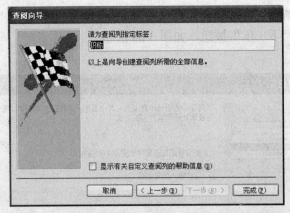

图 3.40　填写值列表字段名称

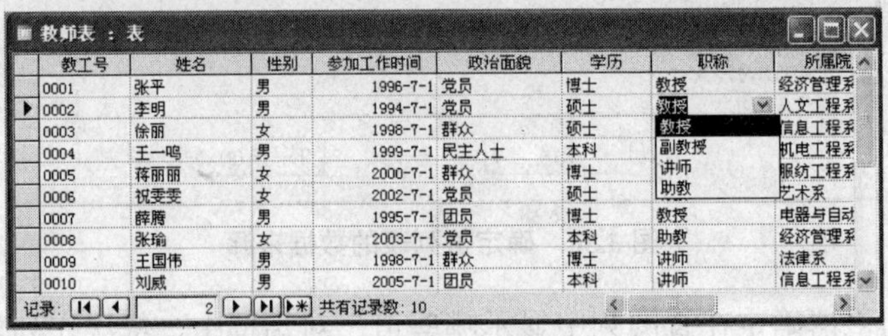

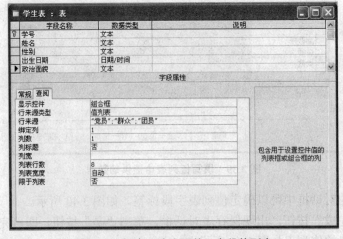

图 3.41　在表中出现的值列表

（2）在字段属性区中单击"查阅"标签。

（3）在"显示控件"属性框中选择"组合框"选项，如图 3.42 所示。

（4）在"行来源类型"框中，选择"值列表"选项，如图 3.42 所示。

（5）在"行来源"属性中，输入行源的名称：""党员";"群众";"团员""，如图 3.42 所示。

（6）保存"学生表"，完成值列表创建。

图 3.42　创建"政治面貌"字段值列表

2. 创建"查阅列"

在数据表视图中"查阅列"的样式与值列表基本相同，只不过二者的数据来源不同。"查阅列"的数据来源于表或查询检索所得到的数据,"查阅列"的数据来源是动态的。

【操作实例 12】通过设置字段的"查阅"属性创建"教师授课课程表"中的查阅列。

操作步骤:

(1)在"教学管理"数据库窗口中双击"使用设计器创建表"选项,在设计视图中打开一个新表,保存为"教师授课课程表"。

(2)在"字段名称"栏下输入"教师授课 ID"字段,再在"数据类型"栏下的列表中选择"自动编号"类型,如图 3.43 所示。

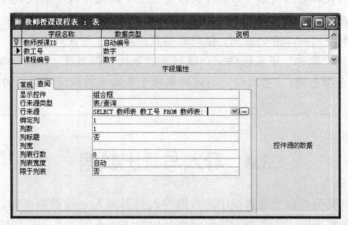

图 3.43 创建"教师授课 ID"字段查阅列

(3)在"字段名称"栏下输入"教工号"字段,再在"数据类型"这栏下的列表中选择"数字"类型,且将其"字段大小"选择"字节"。

(4)在"显示控件"属性框中选择"组合框"选项,如图 3.43 所示。

(5)在"行来源类型"属性框中,选择"表/查询"选项,如图 3.43 所示。

(6)在"行来源"属性框中,输入行源名称:"SELECT 教师表.教工号 FROM 教师表;"(此为 SQL 查询语句,其意思为从"教师表"中查找"教工号"数据),如图 3.43 所示。

(7)同理,添加"课程编号"字段,再在"行来源"属性框中,输入行源的名称:"SELECT 课程表.课程编号 FROM 课程表;",如图 3.44 所示。

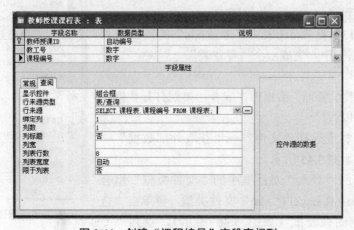

图 3.44 创建"课程编号"字段查阅列

Access 数据库应用

 温馨小贴士

可依照此例，创建"学生选修课程表"。

 归纳分析

（1）创建值列表和查阅列后，如果在数据表视图中向该字段中输入数据，可以从查阅列表中直接选取已有的值，减少了重复字段值的输入，提高了工作效率。

（2）值列表和查阅列二者的区别。值列表的数据来源应该说是固定的，一般提供的数据较少，例如，可为"职称"字段提供一个值列表"教授、副教授、讲师、助教"。而"查阅列"的数据来源是动态的，"查阅列"的数据来源于表或查询检索所得到的数据，可以提供较多的数据。

3.4　导入与导出数据

导入功能可将其他存在于计算机中的数据导入到当前 Access 数据库中。

如果在创建数据表时，所需要的表已经由其他如 Excel 等工具创建完成，那么只需要将其导入即可。这样既可以简化操作、节省时间，又可以充分利用已有资源，并防止再次输入过程中产生错误。可以导入的表类型包括 Access 数据库中的表，Excel、Lotus 和 dBASE 或 FoxPro 等数据库应用程序所创建的表，以及文本文档、HTML 文档等。

导出功能可将 Access 数据库中的数据，导出到其他 Access 数据库、Excel 电子表格或文本文件等。

这节将学习如何进行导入和导出数据。

3.4.1　导入 Excel 表格中的数据

下面以 Excel 表格"专业.xls"为例，说明如何将 Excel 表中的数据导入到当前 Access 数据库中。

【操作实例 13】将 Excel 表格"专业.xls"的数据导入"教学管理"数据库中，生成一个"专业表"。

操作步骤：

（1）打开"教学管理"数据库，或者切换到打开数据库的"数据库"窗口。

（2）在菜单栏上选择"文件"→"获取外部数据"→"导入"命令，如图 3.45 所示。

（3）在弹出的"导入"对话框中的"文件类型"组合框中选择"Microsoft Excel (*.xls)"文件类型。再单击"查找范围"框右侧的列表框（如图 3.46 所示），找到"专

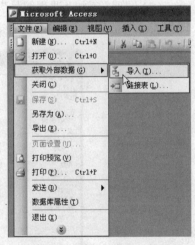

图 3.45　选择"导入"命令

70

业.xls"文件的存放位置,单击"导入"按钮。

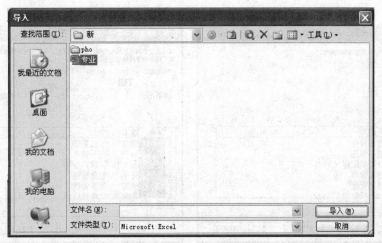

图 3.46 数据导入对话框

(4)在弹出的"导入数据表向导"的第一个对话框中列出了所要导入表的内容。如图 3.47 所示,选择"显示工作表"单选按钮,右方为 Excel 文件中包含的 3 个表,这里选择"专业"表,然后单击"下一步"按钮。

(5)在弹出的"导入数据表向导"的第二个对话框中(如图 3.48 所示)选中"第一行包含列标题"选项,这样就可将原 Excel 表中的第一行数据作为数据库中表的字段名称和"数据库"视图中的列标题。然后单击"下一步"按钮。

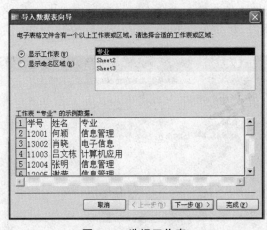

图 3.47 选择工作表

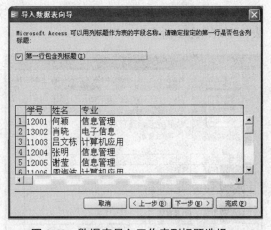

图 3.48 数据表导入工作表列标题选择

(6)在弹出的"导入数据表向导"第三个对话框中(如图 3.49 所示)可以选择将该 Excel 数据表导入到哪个数据库表中。如果要将其放到一个新表中,单击"新表中"选项;如果要将其导入到当前数据库的已存在的表中,则单击"现有的表中"选项,然后在后面的组合框中选择将该表导入到哪个数据库表中。这里选择"新表中"选项,单击"下一步"按钮。

(7)在弹出的"导入数据表向导"第四个对话框中,可以对字段信息进行必要的更改

（包括：字段名、数据类型、索引），如图 3.50 所示，然后单击"下一步"按钮。

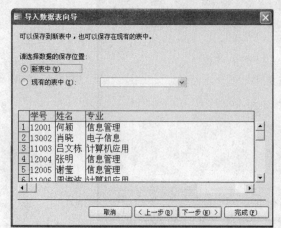

图 3.49　选择数据保存位置

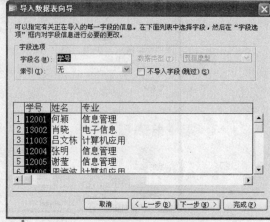

图 3.50　选择列字段和字段名称

（8）在弹出的"导入数据表向导"的第五个对话框中可以设置表的主键。如图 3.51 所示。

单击"让 Access 添加主键"选项，则会由 Access 添加一个自动编号的字段作为主关键字；

单击"自行选择主键"选项可以在右侧的组合框中选择一个字段作为主关键字；

如果不设置主关键字，可以单击"不要主键"选项。

这里选择"我自己选择主键"选项，在右方列表框中选择"学号"设为主键。然后单击"下一步"按钮。

（9）在弹出的对话框中的"导入到表"文本框中设置导入表的名称，这里设置为"专业表"，如图 3.52 所示。

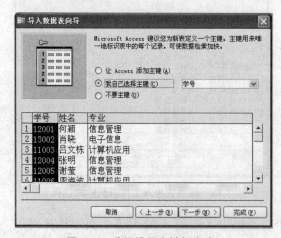

图 3.51　选择设置主键的方式

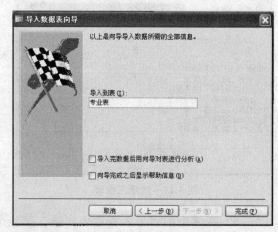

图 3.52　填写导入到数据库中表的名称

（10）单击"完成"按钮，弹出一个提示框表示数据导入已经完成，单击"确定"按钮完成数据表的导入工作。如图 3.53 所示。

图 3.53　数据导入已经完成提示框

 归纳分析

　　只需要按照向导逐一操作，即可将 Excel 表格中的数据导入到当前数据库中的新表中，或者当前数据库已存在的表中。

3.4.2　导入其他数据库中的表

　　如果您的电脑中有其他已建好的 Access 数据库，您可将其中已存在的一些表对象导入到当前 Access 数据库中。

　　【操作实例 14】现有一个"学生信息管理"数据库，请将其中"班级情况表"导入到当前的"教学管理"数据库中。

　　操作步骤：

　　（1）打开"教学管理"数据库，或者切换到打开数据库的"数据库"窗口。

　　（2）在菜单栏上选择"文件"→"获取外部数据"→"导入"命令。

　　（3）在弹出的"导入"对话框中的"文件类型"组合框中要选择"Microsoft Office Access 文件类型，如图 3.54 所示。再单击"查找范围"框右侧的列表框，找到"学生信息管理"数据库的存放位置，然后单击"导入"按钮。

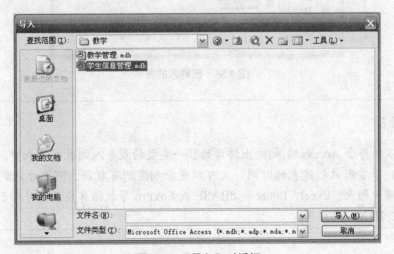

图 3.54　"导入"对话框

　　（4）在弹出的"导入对象"对话框中单击"表"选项卡，可在表对象列表框中看到学生信息管理"数据库中已建好的所有表对象。单击选中"班级情况表"。如图 3.55 所示。

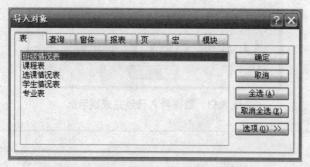

图 3.55　选择要导入的表对象

 温馨小贴士

在单击选中一个表对象后，按住 Ctrl 键再在其他表对象上单击，可同时选中多个表。

（5）单击"确定"按钮。可看到在"教学管理"数据库窗口中，已导入"班级情况表"，如图 3.56 所示。

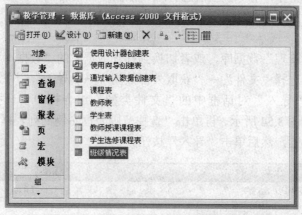

图 3.56　已导入的表

 归纳分析

用户可以将符合 Access 输入/输出协议的任一类型的表导入到数据库表中，既可以简化用户的操作、节省用户创建表的时间，又可以充分利用所有数据。可以导入的表类型包括 Access 数据库中的表，Excel、Lotus 和 dBASE 或 FoxPro 等数据库应用程序所创建的表，以及文本文档、HTML 文档等。

3.4.3　导出表到其他数据库

可利用导出功能，将当前 Access 数据库中的表导出到其他数据库。

【操作实例 15】将当前的"教学管理"数据库中"学生表"导出到另一个"学生宿舍管

理"数据库中。

操作步骤:

（1）在"教学管理"数据库窗口中的"表"对象下，单击"学生表"。

（2）在菜单栏上选择"文件"→"导出"命令。如图3.57所示。

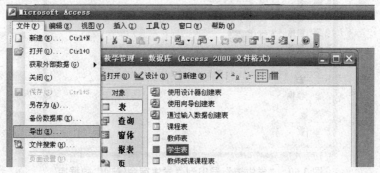

图3.57 选择"导出"命令

（3）在弹出"将表导出为"对话框后，单击"查找范围"框右方的列表框，找到"学生宿舍管理"数据库的存放位置，然后单击"导出"按钮。如图3.58所示。

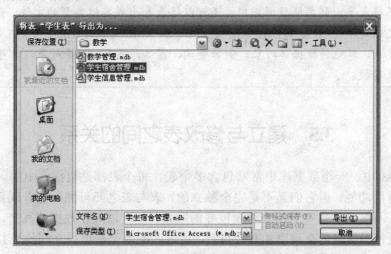

图3.58 "将表导出为"对话框

（4）在弹出"导出"对话框后，在"将学生表导出到"栏中输入导出后的表的名称，然后单击"确定"按钮。如图3.59所示。

完成上述所有步骤后，打开"学生宿舍管理"数据库，可以看到"教学管理"数据库中"学生表"已导出到"学生宿舍管理"数据库中。如图3.60所示。

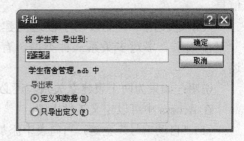

图3.59 "导出"对话框

图 3.60 "学生表"导出到"学生宿舍管理"数据库

归纳分析

（1）除了将表导出到其他数据库中，还可以将表导出成其他类型的文件，例如 Excel 表格（.xls）、文本文件（.txt）、IITML 文件（.htm）和 XML 文件（.xml）等。

（2）除了表，其他的数据库对象，例如查询、窗体、报表、页等对象，都可以在不同的数据库间相互转换。

3.5 建立与修改表之间的关系

在 Access 中，一个数据库中常常包含多个表，每个表都是数据库中的一个独立的部分，具有各自的功能，但它们又不是完全独立的，表与表之间可能存在着联系。建立数据之间的关系，不仅可以真实地反映客观世界的联系，还可以减少数据的冗余，提高数据的存储效率，也使得信息的查询更加有效可行。通过匹配两个数据表之间的公共字段中的数据，可以创建表之间的关系。然后才可以创建查询、窗体及报表，以显示来自多个表中的信息。

关系是在两个表的公用字段之间建立的联系。表之间的关系类型包括：一对一关系、一对多关系、多对多关系三种类型。有关内容在第二章有关章节作了介绍，在此不再赘述。

说明： 如果为两个表建立关系，还必须先确立表的关键字。

在 Access 中可以定义 3 种主键。

（1）"自动编号"主键：当向表中添加每一条记录时，可将"自动编号"字段设置为自动输入连续数字的编号。将自动编号字段指定为表的主键是创建主键的最简单的方法。如果在保存新建的表之前未设置主键，则 Access 会询问是否要创建主键。如果回答为"是"，Access 将创建"自动编号"主键。

（2）单字段主键：如果字段中包含的都是唯一的值，如学号，则可以将该字段指定为主键。只要某字段包含数据，且不包含重复值或 Null 值，就可以为该字段指定主键。

（3）多字段主键：在不能保证任何单字段包含唯一值时，可以将两个或更多的字段设置为主键。这种情况最常出现在用于多对多关系中关联另两个表的表。例如，"学生选修课程表"与"学生表"和"课程表"之间都有关系，因此它的主键包含两个字段："学号"与"课程号"。

3.5.1 创建表间关系

为数据表之间建立关系之前必须明确：两张表中必须有公共字段作为关联字段。

关联字段的名称不要求必须相同，但数据类型必须相同，为了方便操作，最好采用相同的字段名称。虽然 Access 2003 中它没有规定不同的数据类型字段之间不能建立关系，但是建立关系会减慢查询的速度。

下面就说明如何创建、修改和删除表间关系。

1. 建立表间关系

【操作实例 16】在"教学管理"数据库中为"教师表""教师授课课程表""课程表""学生选修课程表"和"学生表"创建表间关系。

操作步骤：

（1）先关闭所有打开的表，不能在已打开的表之间创建或修改关系。

（2）如果还没有切换到数据库窗口，可以按 F11 键从其他窗口切换到"数据库"窗口。

（3）在数据库窗口中单击"工具"→"关系"菜单命令，或单击数据库工具栏上的"关系"按钮，打开"关系"窗口，出现"显示表"对话框，如图 3.61 所示。

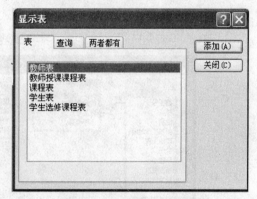

图 3.61 "显示表"对话框

说明：

若已定义了一些关系，该窗口内会显示这些关系；若尚未定义任何关系，该窗口内没有任何内容。若需要定义新的关系，可在该窗口内单击鼠标右键，在随即弹出的快捷菜单中单击"显示表"，也可在关系设计视图的菜单栏上单击"关系"→"显示表"，打开对话框，如图 3.61。

（4）在对话框中选择要建立关系的表，单击"添加"按钮。

（5）重复步骤（3）加入其他表，如果想一次选取多个表，可使用键盘上的 Ctrl 键及 Shift 键与鼠标共同操作。

说明：如果添加进去的表是误操作而添加进去的，需要右击该表，在弹出的快捷菜单中选择"隐藏表"命令，则该表在数据库设计器视图下不可见。或选中该表，按 Delete 键。

（6）将所需要的表加入到"关系"窗口后，单击"关闭"按钮，结果如图 3.62 所示。

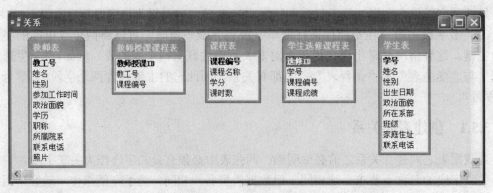

图 3.62 "关系"窗口

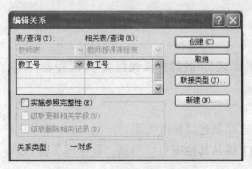

图 3.63 "编辑关系"对话框

（7）将"教师表"中的"教工号"字段拖动到"教师授课课程表"的"教工号"字段上，则弹出如图 3.63 所示"编辑关系"对话框。

（8）选中"实施参照完整性"选项后，选中"级联更新相关字段"命令，则主表的主关键字值更改时，能自动更新相关表中的对应数据。再单击"创建"按钮返回到"关系"窗口，此时"教师表"和"教师授课课程表"表之间的一对多的关系已经建立。如图 3.64 所示。

图 3.64 创建的关系

（9）重复第（6）～（7）步，建立"课程表"和"教师授课课程表"之间的一对多的关系。不同的是，在选择"左列名称"和"右列名称"时，要选择"课程编号"。

（10）同理，建立"课程表"和"学生选修课程表"之间的一对多的关系，建立"学生表"和"学生选修课程表"之间的一对多的关系，至此，"教师表""教师授课课程表""课程表""学生选修课程表"和"学生表"之间的关系已经创建完成，如图 3.65 所示。单击工具栏上的保存按钮，保存创建的关系，然后关闭"关系窗口"。

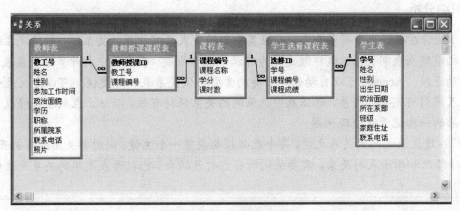

图 3.65 最终创建的关系

2. 查看、删除与编辑表间关系

在"数据库"窗口中查看表中关系的操作步骤如下。

（1）单击工具栏上的"关系"按钮。

（2）如果要查看数据库中的所有关系，单击工具栏上的"显示所有关系"按钮。如果要查看为特定表定义的关系，单击表，然后单击工具栏上的"显示直接关系"按钮。

3. 删除与编辑表间关系

选中想要编辑或删除的关系之间的连线。通常，关系之间的连线两端粗，中间细，将光标移动到细线上后单击鼠标，此时选中的连线中间会和两端一样粗，如图 3.66 所示。

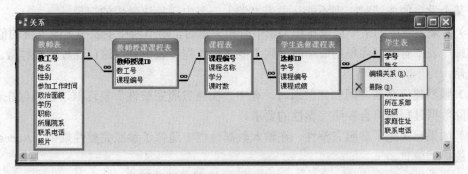

图 3.66 删除关系

在其上右键单击鼠标，从快捷菜单中选择"编辑关系…"命令将进入"编辑关系"窗口，可重新编辑选定的关系。如果选择"删除"命令，将弹出永久删除关系的对话框，单击"确定"就可以将该关系删除，关系之间的连线也会消失。

删除表间关系的另一种方法：单击所要删除关系的关系连线，然后用 Delete 键。

修改表间关系的另一种方法：双击要修改关系的关系连线，弹出"编辑关系"对话框。

说明：修改和删除关系，需要关闭所有已打开的表。

归纳分析

（1）通常在数据库中有多个表，而且其中的很多表又有相互的关系，一般情况在输入很多数据之前建立表间关系。这样做是因为有以下几个原因：在查询中打开多个关系表时，关系表自动连接；Access可以自动创建必要的索引，使关系表工作更快；可以定义表连接过程中相互间引用完整的关系，保证表中记录间的关系保持有效，以防止在删除或修改与另一表有关系的一些记录时出现问题。

（2）在建立表之间的关系之前，每个表必须都设置一个主键，同时要关闭所有打开的表。

（3）修改和删除表间关系，需要关闭所有已打开的表。已打开表之间的关系无法修改和删除。

3.5.2　设置参照完整性

为了确保数据库中的相关表中记录之间关系的有效性，控制关联表之间数据的一致性，防止用户意外删除或更改数据，需要为相互关联的各个表建立参照完整性规则。

1. 参照完整性

参照完整性是指输入或删除记录时为维护表之间已定义的关系而必须遵守的规则。

当实行参照完整性后，则会有以下的功效：

（1）当主表中没有相关记录时，不能将记录添加到相关表中。如不能在"成绩"表中为"学生"表中不存在的学生指定成绩。

（2）如果在相关表中存在匹配记录，则不能从主表中删除这个记录。如，在"成绩"表中还有某个学生的成绩时，则不能从主表"学生"表中删除该学生的记录。

（3）如果主表中的某个记录在相关表中有相关值时，则不能在主表中更改主键的值。如，在"成绩"表中有某门课程的成绩时，则不能在"课程"表中更改这门课程的课程号。

说明：

（1）强烈建议在表之间创建关系时，选中"实施参照完整性"复选框，以确保在表中输入或删除数据过程中符合参照完整性的要求。

（2）如果已实施了参照完整性，在输入数据过程中违背了参照完整性规则，Access将显示相应的提示信息。

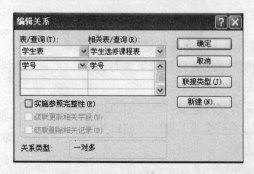

图 3.67　"编辑关系"对话框

2. 设置参照完整性

在创建关系过程中，如果选择了"实施参照完整性"复选项，"级联更新相关字段"和"级联删除相关记录"复选项会成为可选状态。如图3.67所示。

（1）级联更新相关字段：如果修改主表的主键字段，与之关联表中该字段的值也会自动更新。

（2）级联删除相关记录：与级联更新相关字段类似，只不过该项做的是删除操作，如果删除主表的关键字段值，则相关表的对应的字段值的记录也会被删除。

选中"实施参照完整性"选项后，如果选中"级联更新相关字段"命令，可以在主表的主关键字值更改时自动更新相关表中的对应数据。

选中"实施参照完整性"选项后，如果选中"级联删除相关字段"命令，可以在删除主表的某项记录时自动删除相关表中的对应数据。

3.5.3 设置连接类型

1. 连接类型

连接类型指查询的有效范围，即对哪些记录进行选择，对哪些记录执行操作。

（1）内部连接。

连接字段满足特定条件时，才合并两个表中的记录并将其添加到查询结果中。系统默认的为内部连接。

（2）左外部连接。

将两个连接表中左边的表中的全部字段添加查询结果中，右边的表仅当与左边的表有相匹配的时候才添加到查询结果中。即无论左边的表是否满足条件都添加。

（3）右外部连接。

将两个连接表中右边的表中全部字段添加查询结果中，左边的表仅当与右边的表有相匹配的时候才添加到查询结果中。即无论右边的表是否满足条件都添加。

2. 设置连接类型的方法

单击工具栏上的"关系"按钮，打开"关系"窗口，双击两个表之间的连线的中间部分，打开"编辑关系"对话框，单击"连接类型"按钮，如图 3.68 所示，然后进行类型选择。

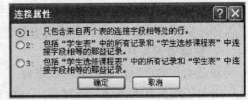

图 3.68 设置连接属性

 温馨小贴士

选项 1、2、3 分别对应"内连接""左外连接"和"右外连接"。

3.6 总 结 提 高

1. 建立表结构

表是数据库中用来存储数据的最基本的对象，也是数据库中最重要的对象。

（1）通过本章的学习，您主要应该掌握利用表设计器创建表、利用向导创建表和通过输入数据创建表 3 种方法。

① 通过设计器创建表结构：最常用最基本的方法，利用其他方法创建的表结构，都需要利用设计器，需要您重点掌握。

② 通过向导创建表结构：多数应用在创建的表与向导提供的表相类似的情况下。

③ 通过表向导创建表结构：多数应用在表字段较少、数据较少的情况下。

（2）通过本章的学习，您应该灵活运用表的设计视图和数据表视图，明确他们的用途和如何相互切换。

① 表的设计视图主要用来创建、修改表结构，设置字段属性。

② 在数据表视图中，可以进行字段的修改、添加、删除和数据的查找等各种操作。

2. 设置字段属性

通过本章的学习，您应该要分清字段的数据类型，学会设置不同类型数据属性的方法，重点掌握在表的设计视图下，设置字段的常规属性，特别是设置字段大小、字段格式、输入掩码和字段有效性规则等属性的方法，还需要掌握字段的查阅属性的设置方法。

3. 向表中输入数据

通过本章的学习，您主要应该掌握：

（1）"文本""数字""日期/时间""货币""备注""OLE 对象"和"超链接"等类型的数据的输入方法。

（2）通过值列表与查阅列输入数据的方法。这样既加快了数据输入的速度，又保证了输入数据的正确性。

4. 导入导出数据

通过本章的学习，您主要应该掌握如何进行导入和导出数据，例如：

（1）如何将 Excel 表中的数据导入到当前 Access 数据库中。

（2）将其中已存在的一些表对象导入到当前 Access 数据库中。

（3）将当前 Access 数据库中的表导出到其他数据库。

5. 创建表间关系

通过本章的学习，您主要应该掌握：

（1）表间关系的概念：一对一，一对多，多对多。

（2）建立、修改、删除表间关系的方法。

（3）如何设置参照完整性。

3.7　知　识　扩　展

在表的创建过程中，还应注意 Access 2003 对象命名的规则和数据类型，本节将重点介绍这两方面的内容。

3.7.1　对象命名的规则

在上面创建表的过程中，遇到了给表命名的问题，Access 2003 中的表、字段、窗体、报表、查询、宏和模块等都是对象，给它们命名时允许的自由度很广，但也不是没有规则的，一般来说要遵循以下原则。

（1）任何一处对象的名称不能与数据库中其他同类对象同名，例如不能有两个名为"客户"的表。

（2）表和查询不能同名。

（3）命名字段、控件或对象时，其名称不能与属性名或 Access 已经使用的其他要素同名。

（4）名称最多可用 64 个字符，包括空格，但是不能以空格开头。

虽然字段、控件和对象名中可以包含空格，但要尽量避免这种现象。原因是某些情况下，名称中的空格可能会和 Microsoft Visual Basic for Applications 存在命名冲突。

用户应该尽量避免使用特别长的字段名。因为如果不调整列的宽度，就难以看到完整的字段名。

（5）名称可以包括除句号（.）、感叹号（!）、重音符号（`）和方括号（[ ]）之外的标点符号。

（6）不能包含控制字符（从 0 到 31 的 ASCII 值）。

（7）在 Microsoft Access 项目中，表、视图或存储过程的名称中不能包括双引号（""）。

（8）为字段、控件或对象命名时，最好确保新名称和 Microsoft Access 中已有的属性和其他元素的名称不重复；否则，在某些情况下，数据库可能产生意想不到的结果。

3.7.2 数据类型

在关系数据库理论中，一个表中的同一列数据必须具有相同的数据特征，称为字段的数据类型。定义数据类型的目的是"允许在此字段输入的数据类型"，例如一个字段的类型为数字，就不可以输入文本，如果输入错数据，Access 会发出错误信息，并且不允许保存。

在 Access 2003 中共有 10 种数据类型，可根据客观情况和实际需要进行选择。如：存放字段"学生学号"，应该将其字段类型设置成文本，而不是数字，如果设置成数字类型，则系统在显示的时候，很可能会将学生的学号以科学计数法的形式显示，这样不利于浏览和数据库完善。所以设置好每一个字段的数据类型非常重要。

1. 文本

"文本"类型是 Access 2003 字段的默认数据类型，用于保存字符类型的数据，例如：姓名、产品名称、通信地址等。一些只作为字符用途的数字数据也可用文本类型，该类型的字段中可以包含数字，但不可以参与计算，例如：电话号码、产品编号、邮政编码等。

"文本"类型字段最多能存储 255 个字符。可通过"字段大小"属性来设置文本类型字段最多可容纳的字符数。这里的字符是指一个英文字符，或者是一个中文的汉字。

2. 备注

"备注"类型的字段一般用于保存较长（超过 255 个字符）的文本或数字信息。例如：简历、备注、单位简介、产品说明等。备注型字段最长可保存 65 535 个字符。

注意： 对保存数字和文本类型数据的大多数字段来说，指定为"备注"数据类型是不合适的，因为 Microsoft Access 2003 不能对备注型字段进行排序和索引，而"文本"和"数字"类型字段可以参与排序和索引。

3. 数字

"数字"类型字段主要用于保存进行数学计算的数值数据（货币除外），该类型的字段可分为字节、整型、长整型、单精度型、双精度型、同步复制 ID 以及小数等类型。

（1）字节——字段大小为 1 个字节，可保存 0～255 的整数。

（2）整型——字段大小为 2 个字节，可保存–32 768～32 767 的整数。

（3）长整型——字段大小为 4 个字节，可保存–2 147 483 648～2 147 483 647 的整数。

（4）单精度——字段大小为 4 个字节，保存从–3.402823E38 到–1.401298E–45 的负值和

从 1.401298E-45 到 3.402823E38 的正值。

（5）双精度——字段大小为 8 个字节，保存从-1.79769313486231E308 到-4.94065645841247E-324 的负值和从 4.94065645841247E-324 到 1.79769313486231E308 的正值。

（6）同步复制 ID——字段大小为 16 个字节，保存从-1.79769313486231E308 到-4.94065645841247E-324 的负值和从 4.94065645841247E-324 到 1.79769313486231E308 的正值。该类型的数据用做建立数据库同步复制时的唯一标识。

（7）小数——字段大小为 12 个字节，保存从$-10^{28}-1$ 到 $10^{28}-1$ 范围的数字。当选择该类型时，"精度"属性指定包括小数在内的所有数字位数，"数值范围"属性指定小数的位数。

4．日期/时间

"日期/时间"类型字段用于存储日期、时间以及日期和时间的组合，例如：出生日期、发货时间、购买日期等。该类型字段大小为 8 个字节。

5．货币

"货币"类型的字段用于保存科学计算中的数值或金额等数据。在"货币"类型字段中输入数据时，系统将根据用户输入的数据自动添加货币符号和分隔符。该类型字段大小为 8 个字节。

6．自动编号

"自动编号"类型的字段用于存储整数和随机数，即保存在添加记录时自动插入的唯一顺序（每次递增 1）或随机编号。字段大小为长整型，即存储 4 个字节；当用于"同步复制 ID"（GUID）时，存储 16 个字节。

每次向表中添加新记录时，Access 会自动插入唯一顺序号，即在自动编号字段中指定某一数值。自动编号类型一旦被指定，就会永久地与记录连接。如果删除了表中含有自动编号字段的一个记录，Access 并不会对表中自动编号型字段重新编号。当添加某一记录时，Access 不再使用已被删除的自动编号型字段的数值，而不按递增的规律重新赋值。所以该类型的字段可设置为主键。

 温馨小贴士

不能对自动编号型字段人为地指定数值或修改其数值，每个表中只能包含一个自动编号型字段。

7．是/否

该类型是一种逻辑类型（即布尔型），用于只可能是两个值中的一个（例如"是/否"、"真/假"、"开/关"）的数据。这种字段的字段大小为 1 个字节。

8．OLE 对象

"OLE 对象"类型的字段主要用于将某个对象链接或嵌入到 Access 数据库的表中。其对象指：其他用 OLE 协议在其他程序中创建的（链接与嵌入）OLE 对象（如 Microsoft Word 文档、Microsoft Excel 电子表格、图片、声音或其他二进制数据）。在窗体或报表中必须使用"结合对象框"来显示 OLE 对象。最多存储 1 GB（受磁盘空间限制）。

9. 超级链接

"超级链接"类型的字段主要用于存储超级链接的地址，包含作为超级链接地址的文本或以文本形式存储的字符和数字的组合。超级链接地址通常是访问文档、Web 页或其他目标的路径。此类型字段最多存储 64 000 个字符。

10. 查阅向导

"查阅向导"类型的字段用于创建这样的字段，它允许用户使用组合框选择来自其他表或来自值列表的值。在数据类型列表中选择此选项，将会通过一系列的向导对话框进行创建。需要与对应于查阅字段的主键大小相同的存储空间。

如用查阅向导可以显示下面所列的两种列表中的字段。

① 从已有的表或查询中查阅数据列表，表或查询的所有更新都将反映在列表中。

② 存储了一组不可更改的固定值的列表。

温馨小贴士

对于某一具体数据而言，可以使用的数据类型可能有多种，例如电话号码可以使用数字型，也可使用文本型，但只有一种是最合适的。

主要考虑的几个方面如下。

（1）字段中可以使用什么类型的值。

（2）需要用多少存储空间来保存字段的值。

（3）是否需要对有些数据进行计算（主要区分是否用数字，还是文本、备注等）。

（4）是否需要建立排序或索引（备注、超链接及 OLE 对象型字段不能使用排序和索引）。

（5）是否需要进行排序（数字和文本的排序有区别）。

（6）是否需要在查询或者报表中对记录进行分组（备注、超链接及 OLE 对象型字段不能用于分组记录）。

思考与练习

一、填空题

1. 表是由＿＿＿＿和＿＿＿＿组成的二维表格。

2. "文本"类型不超过＿＿＿＿个字符。

3. 索引能够加快字段的＿＿＿＿及＿＿＿＿速度。

4. 索引有三个取值：＿＿＿＿、＿＿＿＿、＿＿＿＿。

5. 关系 A(S，SN，E)和关系 C(E，CN，NM)中，A 的主键是 S，C 的主键是 E，则 A 的外键为＿＿＿＿。

6. 在表中输入数据时，按＿＿＿＿键可将光标置于下一个字段中。

二、选择题

1. 下列操作中，不会造成表中数据丢失的操作为（　　）。

A. 更改字段名称或说明　　　　　　B. 更改字段的数据类型

C. 修改字段的属性　　　　　　　　D. 删除某个字段

2. 身份证号码最好采用（　　）。

A. 文本　　　　B. 长整型　　　　C. 备注　　　　D. 自动编号

3. 最常见的数据表关系是（　　）。

A. 一对多　　　　B. 一对一　　　　C. 多对多

4. 一个教师可讲授多门课程，一门课程可由多个教师讲授。则实体教师和课程间的联系是（　　）。

A. 1:1 联系　　　　B. 1:m 联系　　　　C. m:1 联系　　　　D. m:n 联系

三、技能训练

1. 在考生文件夹下完成如下操作：

（1）创建一个"学生管理"数据库，在该数据库下创建学生"基本情况"表，该表结构包含如下内容：

字 段 名	类 型	字段大小
编号	自动编号	
学号	文本	10
姓名	文本	10
性别	文本	2
出生日期	日期/时间	

（2）给"基本情况"表中的"学号"字段建立无重复索引。

（3）给"基本情况"表中的"性别"字段建立有效性规则，该表达式：= "男" OR = "女"，否则提示文本信息：输入值无效。

（4）将考生文件夹下"专业.xls"导入"学生管理"数据库中，第一行包含列标题，设置"专业号"为主键，生成表名为"专业信息"。

2. 在考生文件夹下完成如下操作：

（1）在数据库"学生管理"中，使用表设计器创建"成绩"表，包含字段如下：

字段名称	数据类型	字段大小
编号	自动编号	
考试科目	文本	10
考试成绩	数字	

（2）将"成绩"表中的"编号"字段设置为主关键字，索引名称为"编号"。

（3）为"基本情况"表和"成绩"表建立"一对一"关系（表/查询：基本情况，相关表/查询：成绩）；且均实施参照完整性。

思考与练习答案:

一、填空题

1. 行　列

2. 255

3. 查询、分组　排序

4. 无　有（重复）　有（无重复）

5. E

6. Tab 键

二、选择题

1. A　2. A　3. A　4. D

第4章
Chapter 4

维护与操作表

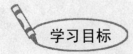学习目标

1. 学会维护表结构和表内容
2. 学会美化表的外观
3. 能够快速查找表中数据
4. 能够批量替换表中数据
5. 掌握表中记录排序的方法
6. 掌握表中记录筛选的方法

　　在创建数据库和表以后，可能发现有些表的内容不能满足实际需要，需要添加或删除有些字段，有些字段的属性需要修改。为了使数据库中表结构更合理，内容更新，使用更有效，需要对表结构进行维护。

　　随着数据库的使用，随时会增加或删除一些数据记录，这样表的数据记录随时都会发生变化，实现这些变化就是维护表内容。

　　为了使表看上去更清楚、更漂亮，使用表时更方便，需要美化表的外观。美化表外观的操作包括调整行高、列宽，设置数据字体等。

　　本节的任务就是掌握维护表结构、表内容，美化表外观的方法。

4.1　打开和关闭表

　　要对数据表进行操作，首先需要将其打开。若要查看或修改表中的数据，就应以数据表视图方式打开表；若要查看或修改表结构，则应以设计视图方式打开表。当然，在完成对表的操作之后，应随时将表关闭。

1. 打开表

以数据表视图方式打开表的操作步骤如下：

（1）在数据库窗口中，单击其中的"表"对象。

（2）在右侧的列表中选定要打开的表，如学生表，然后单击"打开"按钮。也可以双击某个选定的表将其打开。

　　图4.1所示为以数据表视图方式打开的"学生表"，可以看到每条记录都显示在一行中，字段名称作为每一列的标题显示在该列的上方。

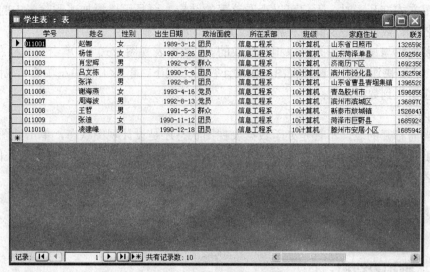

图 4.1 数据表视图示例

数据表视图左端第一列是每条记录的选定器，其中的黑色小三角指示的是当前记录。左端第二列是展开指示器，单击其中某条记录前的"+"可展开与该记录相关的子表记录。在数据表视图的底部则是记录导航器，可用来快速定位所要查看或修改的记录。

在数据表视图中可以添加新记录和输入数据，也可以修改或删除已有的数据。如果要修改表的结构则需要以设计视图方式打开表。

以设计视图方式打开表的操作步骤如下：

（1）在数据库窗口中，单击其中的"表"对象。

（2）在右侧的列表中选定要打开的表，然后单击"设计"按钮。

图 4.2 所示为以设计视图方式打开的"学生表"，可以看到每一个字段的名称与数据类型显示在视图窗口上方的一行中，窗口下方是当前字段具有的各个属性。

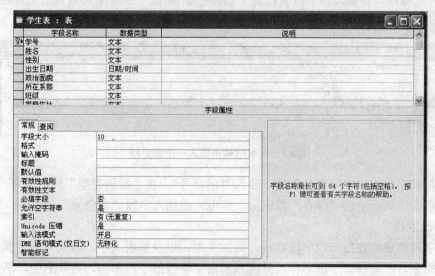

图 4.2 设计视图示例

以视图方式打开表时，不仅可以查看该表的结构，而且可以增加或删除表中的字段，修改字段的名称、数据类型及其各种属性。

数据表视图与设计视图是可以相互切换的。在数据表视图方式下，单击工具栏左端的"视图"按钮，能够快速切换到设计视图；在设计视图方式下，单击工具栏左端的"视图"按钮，则能够快速切换到数据表视图。

2. 关闭表

对于当前打开的表，不管是处于数据表视图状态还是设计视图状态，单击视图窗口右上角的"关闭"按钮，或者选择"文件"菜单的"关闭"命令，都可以将打开的表关闭。当然，在关闭表之前，应注意保存对表中的数据或者表的结构所做的修改。

4.2 维 护 表

4.2.1 维护表结构

打开一个数据表之后，通常是在设计视图中进行对表结构的修改，某些情况下也允许在数据表视图中修改表的结构。本节通过实例说明添加字段、修改字段、删除字段等维护表结构的方式。

【操作实例1】通过"教学管理"数据库中的"学生表"说明如何维护表结构。

操作步骤：

1. 插入字段

在"学生表"中插入一个名称为"宿舍号"的文本字段。

（1）启动 Access，打开"教学管理"数据库。

（2）在数据库窗口选择"学生表"，选择主窗口菜单栏上的"视图"→"设计视图"命令，在设计视图下打开表。

（3）将光标移到要插入新字段的位置上（这里为"班级"字段），然后单击工具栏上的"插入行"按钮，这时，字段名称列中会出现一个新空行，如图4.3所示。

图4.3 在表结构中插入一个新空行

（4）在新空行的"字段名称"栏下输入"宿舍号"，在"数据类型"栏中选择"文本"。

（5）单击工具栏中的"保存"按钮，即可完成插入字段"宿舍号"的任务。

2. 修改字段

修改字段的操作包括修改字段名称、数据类型，以及字段大小、格式等各种属性。无论在那种视图中，若要修改字段名称，只需双击需要修改的字段名称，将其选中，然后输入新的字段名称即可。如果要改变字段的数据类型和重新设置字段的其他属性，则必须在设计视图中进行修改。最后单击"保存"按钮保存修改结果。

3. 删除字段

（1）将光标移到要删除字段的位置上，单击工具栏上的"删除行"按钮 或按 Delete 键。

（2）在出现的删除字段确认对话框中，单击"是"按钮，如图 4.4 所示。

（3）单击工具栏中的"保存"按钮。

图 4.4 删除字段确认对话框

 温馨小贴士

如果要一次删除多个字段，可按住 Ctrl 键不放，单击每个要删除字段的字段选择器，然后再单击工具栏上的"删除行"按钮或按 Delete 键。

归纳分析

（1）维护表结构的操作是在表设计视图中进行的。所以维护表结构时要在设计视图中打开表。

（2）维护表主要指维护表结构和表内容，表结构维护包括添加字段、修改字段、删除字段等。

4.2.2 维护表内容

数据表创建完成后，通常需要对表中的记录进行编辑和维护，包括查看和修改记录、添加新记录和删除不必要的记录等。这些操作都需要在数据表视图中进行。

【操作实例 2】通过"教学管理"数据库中的"教师表"说明如何维护表内容。

1. 定位记录

在数据表视图中查看或修改记录时，首先需要将光标定位到要查看或修改的记录上，以便使该记录成为当前记录，至少让要查看或修改的记录在窗口中显示出来。一般可以通过数据表底部的记录导航器来定位，也可以通过特定的键盘按键来定位记录。

使用记录导航器定位记录时，可以单击其中的"第一条记录""上一条记录""下一条记录"和"最后一条记录"按钮进行定位，也可以直接在记录导航器的文本框中输入一个记录编号，然后按 Enter 键，使得光标直接定位到该编号对应的记录上。

通过特定的键盘按键定位记录时，可使用以下一些按键：

（1）按向上箭头键可定位到上一条记录；按向下箭头键可定位到下一条记录。

（2）按 PgUp 键可定位到上一屏记录；按 PgDn 键可定位到下一屏记录。

（3）按 Home 键可定位到当前记录的第一个字段；按 End 键可定位到当前记录的最后一个字段。

（4）按 Ctrl+Home 组合键可定位到第一条记录的第一个字段；按 Ctrl+End 组合键可定位到最后一条记录的最后一个字段。

2. 添加记录

（1）在数据库窗口中双击"教师表"，在数据表视图中打开表。

（2）单击主窗口工具栏上的"新纪录"按钮，或表中"新记录"按钮，鼠标会移到新记录上，输入该记录数据即可。

图 4.5　确认删除记录提示框

（3）单击工具栏上的"保存"按钮，即可完成添加新记录的任务。

3. 删除记录

（1）单击要删除记录的选择器，然后单击工具栏上的"删除记录"按钮，这时会出现确认删除记录的提示框，如图 4.5 所示。

（2）单击"是"按钮，即可删除该记录。

⚡ **温馨小贴士**

Access 还允许一次删除多条相邻的记录，只需在数据表视图左端的记录选定器上拖动鼠标同时选定多条要删除的记录，然后单击工具栏上的"删除记录"按钮，或者选择"编辑"菜单下的"删除记录"命令即可。

---

4. 设置"记录更改"属性

删除记录时最好进行提示，否则无意删除的记录就无法恢复了。如果删除记录时，没有出现如图 4.5 所示的提示框，则可设置"记录更改"属性使提示框出现。设置步骤如下：

（1）选择主窗口菜单栏中的"工具"→"选项"命令，打开如图 4.6 所示的"选项"对话框。

（2）从中选择"编辑/查找"选项卡，在"确认"选项区域中选择"记录更改"复选框。

（3）单击"选项"对话框中的"确定"按钮，以后删除记录时就会出现提示框了。

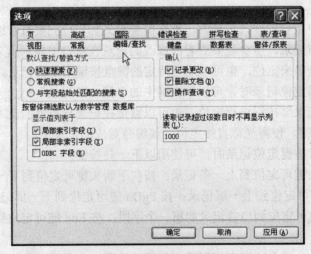

图 4.6　"选项"对话框

5. 修改记录

如果发现记录中有错误的数据，可在数据表视图下直接修改数据。可选中错误的数据直接进行修改，也可以先删除错误的数据再输入新数据。

6. 复制记录

在输入数据时有些数据可能相同，这时可以使用复制和粘贴操作复制数据。方法是使用组合键 Ctrl+C 复制和 Ctrl+V 粘贴，或使用工具栏上的"复制"按钮 和"粘贴"按钮 。

 归纳分析

（1）维护表内容的操作主要在数据表视图中进行，包括添加记录、删除记录、修改记录、复制记录等。

（2）还可以设置记录更改属性，在删除和更改记录时进行提示。

4.2.3 美化表外观

前面看到的数据库中的表都是同一样式、同一颜色，能不能改变表的格式与背景呢？

【操作实例 3】 调整"教学管理"数据库"学生表"的字段顺序、行高、列宽。

1. 改变字段顺序，将"班级"字段移到"所在系部"字段左边

（1）在数据表视图中打开"学生表"。

（2）将鼠标指针置于"班级"字段的字段名上，待鼠标变为黑色粗体向下箭头时单击，此时"班级"字段被选中。

（3）再次将鼠标指针靠近"班级"字段的字段名，待鼠标指针变为空心箭头时按下鼠标左键，并拖动该字段到"所在系部"字段左侧，释放鼠标左键。"班级"字段被移动到"所在系部"字段左边，如图 4.7 所示。

学号	姓名	性别	出生日期	政治面貌	班级	所在系部	家庭住址	联系
011001	赵娜	女	1989-3-12	团员	10计算机	信息工程系	山东省日照市	1326598
011002	杨佳	女	1990-3-26	团员	10计算机	信息工程系	山东菏泽单县	1692568
011003	肖宏辉	男	1992-6-5	群众	10计算机	信息工程系	济南历下区	1692356
011004	吕文栋	男	1990-7-6	团员	10计算机	信息工程系	滨州市汾化县	1362598
011005	张洋	男	1992-8-7	团员	10计算机	信息工程系	山东省曹县青堌集镇	1396528
011006	谢海燕	女	1993-4-16	党员	10计算机	信息工程系	青岛胶州市	1596858
011007	周海波	男	1992-8-13	党员	10计算机	信息工程系	滨州市滨城区	1368970
011008	王哲	男	1991-5-3	群众	10计算机	信息工程系	新泰市放城镇	1526847
011009	张迪	女	1990-11-12	团员	10计算机	信息工程系	菏泽市巨野县	1685924
011010	凌建峰	男	1990-12-18	团员	10计算机	信息工程系	滕州市安居小区	1685942

记录: 1 共有记录数: 10

图 4.7 改变字段顺序示例

2. 调整表的行高

（1）在数据表视图中打开"学生表"。

（2）在主窗口菜单栏选择"格式"→"行高"命令，打开如图 4.8 所示的"行高"对话框，在"行高"文本框中输入希望的行高值（会自动取消默认的标准高度）。如果在"行高"对话框中选择"标准高度"复选框，会使用默认的行高值 11.25，如图 4.8 所示。

（3）单击"行高"对话框中的确定按钮，即可完成。

3. 调整表的列宽

（1）在数据表视图中打开"学生表"。

（2）选择要调整列宽的列，在主窗口菜单栏中选择"格式"→"列宽"命令，打开"列宽"对话框。

（3）在"列宽"对话框中输入列的宽度值，如图 4.9 所示。如果在打开的"列宽"对话框中选择"标准列宽"复选框，会使用默认的列宽值 15.4111。

（4）单击"最佳匹配"按钮，Access 会根据输入的数据自动确定列的宽度值。

（5）单击"列宽"对话框中的"确定"按钮，即可完成。

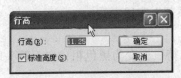

图 4.8 "行高"对话框

图 4.9 "列宽"对话框

 温馨小贴士

可手动调整行高和列宽。例如，将鼠标指针放在要改变列宽的两列字段名中间，当鼠标指针变为双向箭头时，按住鼠标左键不放，并拖动鼠标左、右移动，当调整到所需宽度时，松开鼠标左键，即可调整列宽。手动调整行高的方法类同，不再叙述。

4. 隐藏列

在数据表视图中，如果表中字段很多，而有些字段在浏览或修改时可能不需要，则可将这些字段隐藏起来，在需要时再显示出来。

【操作实例 4】隐藏"学生表"中的列。

（1）在数据表视图中打开"学生表"。

（2）选择字段选择器（即字段标题按钮）选择需要隐藏的字段，按住 Shift 键可连续选择多个字段。如图 4.10 所示。

（3）选择主窗口菜单栏上的"格式"→"隐藏列"命令。

（4）执行"隐藏列"命令之后，即可看到隐藏列的数据表视图，如图 4.11 所示。

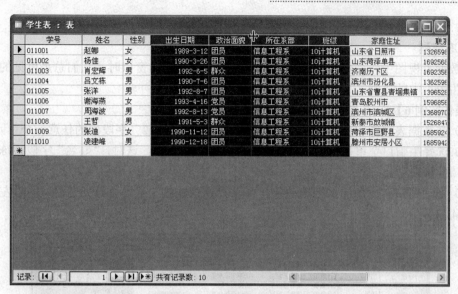

图 4.10　选择多列隐藏的操作

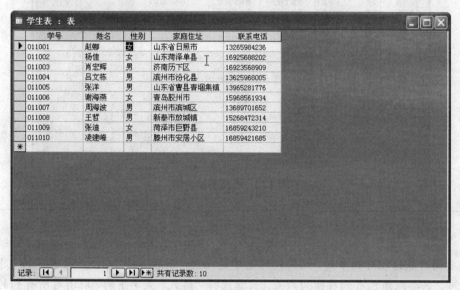

图 4.11　隐藏列的表

5. 显示列

隐藏的列在需要时可以再显示出来。显示列的操作步骤如下：

【操作实例 5】显示"学生表"中被隐藏的列。

（1）在数据表视图中打开"学生表"。

（2）选择主窗口菜单栏上的"格式"→"取消隐藏列"命令，将打开如图 4.12 所示对话框。

（3）在"取消隐藏列"对话框的"列"列表框中选择要显示的列名称，即在复选框上单击打上"√"标记。

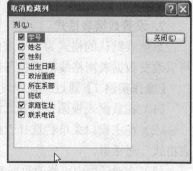

图 4.12　选择要显示的列

95

（4）单击"关闭"按钮，打上"√"标记的列会显示在数据表视图中。

6. 冻结列

在数据表视图中，冻结某些列字段可以保证在水平滚动窗口时，它们总是可见的。如冻结"学生表"中的"姓名"列。

【操作实例6】冻结"学生表"中的"姓名"列。

（1）在数据表视图中打开"学生表"，将光标置于"姓名"字段内的任意一个单元中。

（2）选择主窗口菜单栏上的"格式"→"冻结列"命令，这时，"姓名"字段被冻结，出现在窗口的最左边。

（3）拖动窗口右下角的水平滚动条，可以看到"姓名"字段总是处在窗口的最左端。效果如图4.13所示。

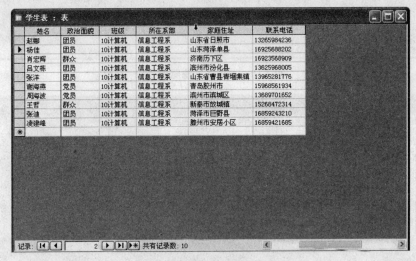

图4.13　冻结字段示例

温馨小贴士

若要同时冻结相邻的多列，只需同时选中这几列，然后选择"格式"菜单下的"冻结列"命令即可。若要取消已有的冻结列效果，只需选择"格式"菜单下的"取消对所有列的冻结"命令即可。

7. 设置数据表格式

数据表默认的格式为水平方向和垂直方向显示银色网格线，白色背景。通过格式设置，可以改变数据表网格线的颜色与形状、边框的形状、背景色。

【操作实例7】通过"课程表"说明改变数据表格式的方法。

（1）在数据表视图中打开"课程表"。

（2）在主窗口菜单栏选择"格式"→"数据表"命令，打开如图4.14所示的"设置数据表格式"对话框。

（3）在对话框中可修改数据表单元格、网格线、背景色、边框和线条的外观。

（4）单击"确定"按钮可看到新外观的数据表。

8. 改变字体

为了使数据表中的数据显示更美观、清晰、醒目，可改变数据表中的字体。

【操作实例8】通过"课程表"说明改变表中数据字体的方法。

（1）在数据表视图下打开"课程表"。

（2）在主窗口菜单栏上选择"格式"→"字体"命令，打开图4.15所示的"字体"对话框。

（3）在对话框中设置字体、字形、字号、颜色等。

图 4.14 "设置数据表格式"对话框

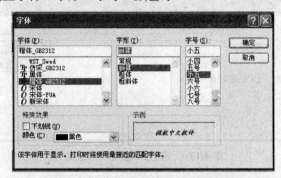

图 4.15 设置数据表"字体"对话框

（4）在对话框中单击"确定"按钮，可在数据表视图中看到图4.16所示的改变了字体及数据表格式的"课程表"。

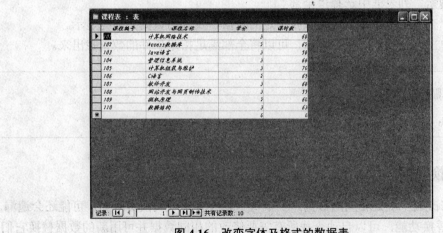

图 4.16 改变字体及格式的数据表

4.3 操 作 表

在实际工作中，经常需要对数据表中的众多记录按照一定的要求排列其显示顺序，或者从中筛选出感兴趣的数据进行输出。Access在这方面提供了许多相应的功能。

4.3.1 查找数据

如果数据表中存放的数据很多，当用户逐行查找某一具体数据时可能非常困难。使用 Access 提供的查找数据的方法，能方便、快速地找到所需要的数据。

如果用户知道要查找的数据在表中的记录号，可通过定位器查找记录。如果不知道数据的记录号，可以使用"查找和替换"对话框查找数据。

【操作实例 9】在"教师表"中查找职称为"教授"的数据。

（1）在数据表视图中打开"教师表"。

（2）在菜单栏选择"编辑"→"查找"命令，打开图 4.17 所示的"查找和替换"对话框。

图 4.17　"查找和替换"对话框

（3）在"查找内容"组合框中输入要查找的数据"教授"。

（4）在"查找范围"列表框中选择"教师表：表"。

（5）在"匹配"列表框中选择整个字段。

（6）在"搜索"列表框中选择"全部"。

（7）单击"查找下一个"按钮将查找指定的数据，找到的数据会高亮显示。

（8）连续单击"查找下一个"按钮，可以将全部满足指定条件的数据找出来。

温馨小贴士

　在"查找内容"组合框中输入 Null 可以帮助用户查找空值。

4.3.2　替换数据

如果需要修改表中多处相同的数据，一个一个修改既麻烦又浪费时间，可能还会遗漏。使用 Access 的替换功能，可以自动查找所有需要修改的相同数据并可用新的数据替换它们，一个不漏。

【操作实例 10】将"教师表"中的所有"硕士"替换为"研究生"。

（1）在数据表视图中打开"教师表"，单击"职称"列标题按钮选择该列。

（2）在主窗口菜单栏上选择"编辑"→"替换"命令，打开图 4.18 所示的"查找和替换"对话框。

图 4.18 "查找和替换"对话框

（3）在"查找内容"组合框中输入要查找的数据"硕士"。

（4）在"替换为"组合框中输入替换后的数据"研究生"。

（5）在"查找范围"列表框中选择"教师表：表"。

（6）在"匹配"列表框中选择"整个字段"。

（7）在"搜索"列表框中选择"全部"。

（8）单击"全部替换"按钮，这时会出现一个提示框，如图 4.19 所示。它要求用户确认是否要进行这个替换操作，单击"是"按钮，会立即执行替换操作；单击"否"按钮，会取消操作。替换之后的数据如图 4.20 所示。

图 4.19 确认替换操作提示框

教工号	姓名	性别	参加工作时间	政治面貌	学历	职称	所属院系	
0001	张平	男	1996-7-1	党员	博士	教授	经济管理系	13
0002	李明	男	1994-7-1	党员	研究生	教授	人文工程系	159
0003	徐丽	女	1998-7-1	群众	研究生	副教授	信息工程系	179
0004	王一鸣	男	1999-7-1	民主人士	本科	讲师	机电工程系	658
0005	蒋丽丽	女	2000-7-1	群众	博士	副教授	服纺工程系	132
0006	祝雯雯	女	2002-7-1	党员	研究生	助教	艺术系	810
▶ 0007	薛腾	男	1995-7-1	团员	博士	教授	电器与自动化系	632
0008	张瑜	女	2003-7-1	党员	本科	助教	经济管理系	163
0009	王国伟	男	1998-7-1	群众	博士	讲师	法律系	875
0010	刘威	男	2005-7-1	团员	本科	讲师	信息工程系	192

记录：14 ◀ 7 ▶ ▶I ▶* 共有记录数：10

图 4.20 替换后的数据显示

4.3.3 记录排序

对于已经定义了主键的数据表，Access 通常是按照主键字段值的升序来排列和显示表中各条记录的。用户还可以根据需要对各条记录依据一个或多个字段值的大小重新排列显示。

排序要有一个按什么排列的规则。Access 是根据当前表中一个或多个字段的值对整个表中的记录进行排序的。排序分为升序和降序两种方式。升序按字段值从小到大排列；降序按字段值从大到小排列。由于表中有不同类型的数据，所以排序前要先清楚不同类型数据的值是如何比较大小的。

数字型数据：按数字的大小值排列。

文本型数据：英文字母按字母顺序排序，大小写相同。中文按拼音字母的顺序排序，升序按 a～z，降序按 z～a。如果文本型数据为数字，则视为字符串，按其 ASCⅡ 码值的大小排序，不是按数字大小排序。

日期和时间型数据：按日期的先后顺序排序，升序从前到后，降序从后到前排序。

备注、超链接和 OLE 对象型数据不能排序。

如果字段的值为空值，排序时会排列在第一条。

Access 提供了 3 种不同的排序操作，即基于单个字段的简单排序、基于多个相邻字段的简单排序和高级排序。

1. 基于单个字段的简单排序

若要基于某个字段的大小对记录进行排序，可按以下步骤操作。

（1）在数据表视图中打开需要排序的表。

（2）将光标置于排序依据字段列中的任何一个单元格中，单击工具栏上的"升序排序"按钮 ᤴ 或"降序排序"按钮 ᤴ，即可依据该字段数据的大小对表中所有记录进行升序或降序排列后显示出来。

 温馨小贴士

若在排序操作之后保存表，则将同时保存记录的排序结果。

---

2. 基于多个相邻字段的简单排序

基于多个相邻字段进行简单排序时，必须注意这些字段的先后顺序。Access 将首先依照最左边的字段值进行排序，然后再依据第二个字段的值进行排序，以此类推。

【操作实例 11】对"学生表"中的所有记录，按"性别"和"出生日期"两个相邻字段值的升序排序。

（1）在数据表视图中打开"学生表"。

（2）同时选择"性别"和"出生日期"两个相邻字段。

（3）单击工具栏上的"升序排序"按钮，Access 就会对"学生表"所有记录先按左边的"性别"字段值的升序排序，对于"性别"字段值相同的记录再按右边"出生日期"字段值的升序排列。如图 4.21 所示。

图 4.21 两个字段同时升序排序的数据表

 温馨小贴士

（1）这种排序操作所依据的排序字段必须相邻，并且每个字段都只能统一按照升序或降序方式进行。

（2）如果两个字段不相邻，可以调整字段位置使它们相邻。

---

3. 高级排序

简单排序只可以对单个字段或多个相邻字段进行简单的升序或降序排序，然而很多时候需要将不相邻的多个字段按照不同的排序方式进行排序，这就需要用到高级排序方式。

【操作实例 12】对"教师表"的所有记录，先按"参加工作时间"字段值的升序，再按"职称"字段值的降序进行排列。

（1）在数据表视图中打开"教师表"。

（2）选择"记录"字段下"筛选"子菜单中的"高级筛选/排序"命令，弹出"筛选"窗口。

（3）在"筛选"窗口下方第 1 列的"字段"行网格中单击，再单击其右侧出现的向下箭头，从下拉列表中选择"参加工作时间"字段，然后在该列的"排序"行网格中单击，再单击其右侧的向下箭头，从下拉列表中选择"升序"。

（4）在"筛选"窗口下方第 2 列的"字段"行网格中单击，再单击其右侧出现的向下箭头，从下拉列表中选择"职称"字段，然后在该列的"排序"行网格中单击，再单击其右侧的向下箭头，从下拉列表中选择"降序"，结果如图 4.22 所示。

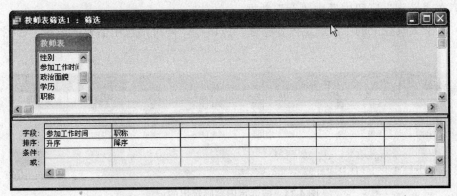

图 4.22　在"筛选"窗口中设置排序方式

（5）选择"筛选"菜单下的"应用筛选/排序"命令，或者单击主窗口工具栏上的"应用筛选"按钮，Access 将按所做的设置对"教师表"所有记录先按参加工作时间排序，参加工作时间相同者再按职称排序。排序结果如图 4.23 所示。

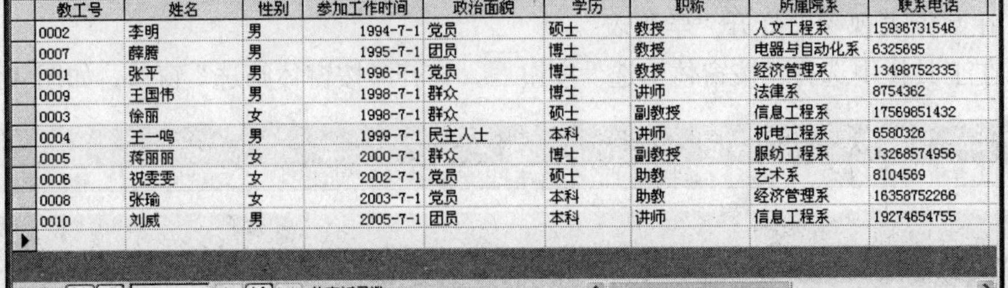

教工号	姓名	性别	参加工作时间	政治面貌	学历	职称	所属院系	联系电话
0002	李明	男	1994-7-1	党员	硕士	教授	人文工程系	15936731546
0007	薛腾	男	1995-7-1	团员	博士	教授	电器与自动化系	6325695
0001	张平	男	1996-7-1	博士	博士	教授	经济管理系	13498752335
0009	王国伟	男	1998-7-1	群众	博士	讲师	法律系	8754362
0003	徐丽	女	1998-7-1	群众	硕士	副教授	信息工程系	17569851432
0004	王一鸣	男	1999-7-1	民主人士	本科	讲师	机电工程系	6580326
0005	蒋丽丽	女	2000-7-1	群众	博士	副教授	服纺工程系	13268574956
0006	祝要雯	女	2002-7-1	党员	硕士	助教	艺术系	8104569
0008	张瑜	女	2003-7-1	党员	本科	讲师	经济管理系	16358752266
0010	刘威	男	2005-7-1	团员	本科	讲师	信息工程系	19274654755

记录：|◄ ◄　　　11　► ►| ►＊　共有记录数：11

图 4.23　排序后的"教师表"记录

 温馨小贴士

若要取消排序操作，可选择"记录"菜单下的"取消筛选/排序"命令，或者单击主窗口工具栏上的"取消筛选"按钮，Access 将按照该表原有的顺序显示记录。

4.3.4 筛选记录

Access 允许对所显示的记录进行筛选，即仅把符合条件的记录显示在数据表视图中。Access 针对不同需要提供了多种筛选方式，包括"指定内容筛选法""窗体筛选法""目标筛选法"。

1. 指定内容筛选法

按指定内容筛选，即根据单个条件查找记录。

【操作实例 13】在"学生表"中筛选出性别为"女"的记录。

（1）在数据表视图中打开"学生表"。

（2）在"性别"字段中选中"女"数据。

（3）单击工具栏上的"按选定内容筛选"按钮 ，即可筛选出需要的记录，如图 4.24 所示。

学号	姓名	性别	出生日期	政治面貌	所在系部	班级	家庭住址	联系电话
011002	杨佳	女	1990-3-26	团员	信息工程系	10计算机	山东菏泽单县	16925688202
011006	谢海燕	女	1993-4-16	党员	信息工程系	10计算机	青岛胶州市	15968561934
011009	张迪	女	1990-11-12	团员	信息工程系	10计算机	菏泽市巨野县	16859243210
011001	赵娜	女	1989-3-12	团员	信息工程系	10计算机	山东省日照市	13265984236

图 4.24　按选定内容筛选出的记录

（4）单击"取消筛选"按钮 ，可恢复整个数据表记录。

2. 窗体筛选法

窗体筛选法可以同时根据两个以上的条件筛选记录。

【操作实例 14】在"学生表"中筛选出满足"政治面貌"为党员，"性别"为男两个条件的记录。

（1）在数据表视图中打开"学生表"。

（2）在工具栏中选择"按窗体筛选"按钮 ，打开"按窗体筛选"窗口，如图 4.25 所示。

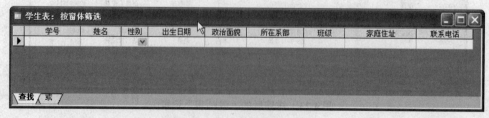

图 4.25　"按窗体筛选"窗口

（3）将光标移到"政治面貌"字段单元格，然后单击右边向下三角形按钮，从中选择"党员"。将光标移到"性别"字段单元格，然后单击右边向下三角形按钮，从中选择"男"。如图 4.26 所示。

图 4.26　输入两个条件

（4）单击"应用筛选"按钮，可看到按两个条件筛选出的记录，如图 4.27 所示。

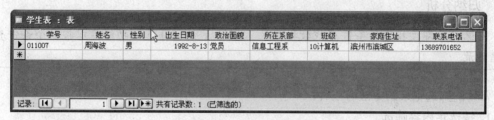

图 4.27　筛选出的记录

3. 目标筛选法

目标筛选法是根据指定的"筛选目标"（可以是指定值或表达式条件）筛选记录的方法。

【操作实例 15】从"学生表"中筛选出 1990 年之后出生的学生记录。

（1）在数据表视图中打开"学生表"。

（2）在"出生日期"字段列的任一位置右击，在弹出的快捷菜单"筛选目标"文本框中输入"＞1990-01-01"，如图 4.28 所示。

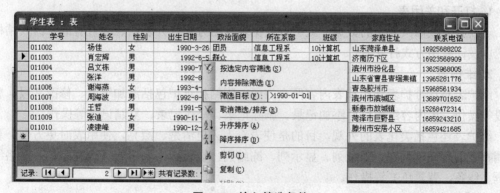

图 4.28　输入筛选条件

（3）按 Enter 键，即可看到筛选出的记录。如图 4.29 所示。

103

学号	姓名	性别	出生日期	政治面貌	所在系部	班级	家庭住址	联系电话
011002	杨佳	女	1990-3-26	团员	信息工程系	10计算机	山东菏泽单县	16925688202
011003	肖宏辉	男	1992-6-5	群众	信息工程系	10计算机	济南历下区	16923568909
011004	吕文栋	男	1990-7-6	团员	信息工程系	10计算机	滨州市汾化县	13625968005
011005	张洋	男	1992-8-7	团员	信息工程系	10计算机	山东省曹县青堌集镇	13965281776
011006	谢海燕	女	1993-4-16	党员	信息工程系	10计算机	青岛胶州市	15968561934
011007	周海波	男	1992-8-13	党员	信息工程系	10计算机	滨州市滨城区	13889701652
011008	王哲	男	1991-5-3	群众	信息工程系	10计算机	新泰市放城镇	15268472314
011009	张迪	女	1990-11-12	团员	信息工程系	10计算机	菏泽市巨野县	16859243210
011010	凌建峰	男	1990-12-18	团员	信息工程系	10计算机	滕州市安居小区	16859421685

记录: 1 共有记录数: 9 (已筛选的)

图 4.29 筛选出的记录

 归纳分析

筛选记录即按指定的条件查找数据记录。Access 的"筛选"功能可以按多个条件查找数据记录。

常用的筛选记录的方法有三种：

1. 按选定内容筛选

即按单个条件查找记录。

2. 按窗体筛选

可以筛选两个以上条件的记录。

3. 按筛选目标筛选

即先指定"筛选目标"（可以是指定值或表达式条件），再筛选记录。

4.4 总 结 提 高

1. 打开和关闭表

若要查看或修改表中的数据，就应以数据表视图方式打开表；若要查看或修改表结构，则应以设计视图方式打开表。

2. 维护表

维护表是指维护表结构和表内容两个方面。表结构维护包括添加字段、修改字段、删除字段等操作。表内容维护包括添加记录、删除记录、修改记录、复制记录等操作。

维护表还包括美化表的外观，目的是使表看上去更清楚、漂亮，使用表时更方便。要掌握调整表的行高、列宽、隐藏列、显示列、冻结列，设置数据表格式（改变字体、网格线、边框、线条、背景色）等操作。

3. 操作表

操作表是指在表中查找数据、替换数据、记录排序、记录筛选。

（1）查找数据。

在表中查找数据，可以使用"记录定位器"和"查找"对话框两种方法。可以快速查找到表中包含要查找的字段数据。

（2）替换数据。

如果要对表中许多相同的数据进行替换处理，可以使用"替换"对话框。可以在列范围和整个表范围中进行替换。

（3）记录排序。

如果希望将表中的数据按某个规则进行排序显示，可以使用 Access 的"排序"功能。

排序分为两种方式：升序与降序。

排序有三种方法：基于单个字段的简单排序、基于多个相邻字段的简单排序、高级排序。

（4）记录筛选。

如果要从表中筛选出需要的记录数据，可使用 Access 的"筛选"功能，它可以按多个条件"筛选"出所要的记录。

方法一：按单个条件筛选记录的"指定内容筛选法"。

方法二：按两个以上条件筛选记录的"窗体筛选法"。

方法三：先指定筛选目标再筛选记录的"目标筛选法"。

思考与练习

一、选择题

1. 下面有关表的叙述错误的是（　　）。

A. 表是 Access 数据库中的要素之一

B. 表设计的主要工作是设计表的结构

C. Access 数据库的各表之间相互独立

D. 可以将其他数据库的表导入到当前数据库中

2. 如果字段内容为声音文件，可将此字段定义为（　　）类型。

A. 文本　　　　　B. 查阅向导　　　　　C. OLE 对象　　　　　D. 备注

3. 关于 Null 值和空字符串的含义，下列说法错误的是（　　）。

A. Null 值和空字符串的含义不同

B. Null 值和空字符串的含义相同

C. 空字符串表示"知道没有值"

D. Null 值表示"不知道"

4. 修改表结构和表中的数据分别在（　　）视图下进行操作。

A. 表视图和表视图　　　　　　　　B. 表视图和设计视图

C. 设计视图和表视图　　　　　　　D. 设计视图和设计视图

5. 数据库文件中包含（　　）对象。

A. 表　　　　　B. 查询　　　　　C. 窗体　　　　　D. 以上都包含

6. Access 数据库的核心与基础是（　　）。

A. 表　　　　　B. 宏　　　　　C. 窗体　　　　　D. 模块

7. 在表中直接显示姓"李"的记录的方法是（　　）。

A. 排序　　　　B. 筛选　　　　C. 隐藏　　　　　D. 冻结

8. 在 Access 中，使用（　　）操作，可以在数据表中快速地移动到最后一条记录。

A. 查找   B. 替换   C. 定位   D. 选择记录

9. 在数据表视图中，不能（   ）

A. 修改字段的类型   B. 修改字段的名称

C. 删除一个字段   D. 删除一条记录

10. 下面关于主关键字叙述错误的是（   ）。

A. 数据库中的每个表都必须有一个主关键字

B. 主关键字字段的值是唯一的

C. 主关键字可以是一个字段，也可以是多个字段

D. 主关键字字段中不允许有重复值和空值

二、填空题

1. 常用的筛选记录的方法有＿＿＿＿＿＿、＿＿＿＿＿＿、＿＿＿＿＿＿。

2. 关系数据库的表中，每一行为一条＿＿＿＿＿＿。

3. 在 Access 数据库中采用＿＿＿＿＿＿技术，用户可以方便地创建和编辑多媒体数据库。

4. 维护表主要指维护＿＿＿＿＿＿和＿＿＿＿＿＿，表结构的维护包括＿＿＿＿＿＿、＿＿＿＿＿＿、＿＿＿＿＿＿、＿＿＿＿＿＿。

5. 在数据表视图中，列被执行"冻结列"后，将不能执行的操作是＿＿＿＿＿＿。

三、简答题

1. 为什么要维护表？

2. 在数据库表中查找数据的方法有哪些？

3. 对数据库表可进行哪些操作？

4. 排序的含义，排序有哪些规则及排序方式？

5. 筛选的含义，筛选的方法及特点？

四、简答题

1. 在创建数据库和表以后，可能发现有些表的内容不能满足实际需要，需要添加或删除有些字段，有些字段的属性需要修改。为了使数据库中表结构更合理，内容更新，使用更有效，需要对表结构进行维护。

随着数据库的使用，随时会增加或删除一些数据记录，这样表的数据记录随时都会发生变化，实现这些变化就是维护表内容。

为了使表看上去更清楚、更漂亮，使用表时更方便，需要美化表的外观。美化表外观的操作包括调整行高、列宽、设置数据字体等。

2. 在表中查找数据，可以使用"记录定位器"和"查找"对话框两种方法。

3. 操作表是指在表中查找数据、替换数据、记录排序、记录筛选。

4. 对于已经定义了主键的数据表，Access 通常是按照主键字段值的升序来排列和显示表中各条记录的。用户还可以根据需要对各条记录依据一个或多个字段值的大小重新排列显示。Access 是根据当前表中一个或多个字段的值对整个表中的记录进行排序的。排序分为升序和降序两种方式。

由于表中有不同类型的数据，所以排序前要先清楚不同类型数据的值是如何比较大小的。数字型数据：按数字的大小值排列。文本型数据：英文字母按字母顺序排序，大小写相同。中文按拼音字母的顺序排序。

Access 提供了 3 种不同的排序操作，即基于单个字段的简单排序、基于多个相邻字段的简单排序和高级排序。

5. Access 允许对所显示的记录进行筛选，即仅把符合条件的记录显示在数据表视图中。Access 针对不同需要提供了多种筛选方式，包括"指定内容筛选法""窗体筛选法""目标筛选法"。

五、技能训练

1. 打开"教学管理"数据库中的"学生表"，在数据库表视图中设置数据表的背景颜色为蓝色，网格线为实线，字体为黑体。

2. 修改"学生表"的表结构及字段属性。

3. 在"学生表"中筛选出是"党员"并且是"女生"的学生。

4. 在"学生表"中按"姓名"进行"升序"排序。

思考与练习参考答案：

一、选择题

1. C 2. C 3. B 4. C 5. D 6. A 7. B 8. C 9. A 10. A

二、填空题

1. 按选定内容筛选 按窗体筛选 按筛选目标筛选

2. 记录

3. OLE 对象

4. 表结构 表内容 添加字段 删除字段 修改字段名称及字段属性

5. 删除列

第 5 章
Chapter 5
> >

创建与使用查询对象

 学习目标

1. 了解查询对象的作用
2. 知道查询对象的类型
3. 知道查询条件的设置
4. 掌握使用设计器创建查询对象
5. 掌握使用查询向导创建查询
6. 学会在查询中进行计算

完成数据库中各个表的创建，并在其中输入大量数据后，就可以在需要时方便、快捷的从中检索出所需要的各种数据。Access 的查询对象是在数据库中进行数据检索和数据分析的有力工具，不仅能够从指定的若干个表中获取满足给定条件的数据，还可以生成新的数据表，并能实现按指定要求对表中记录进行添加、更新和删除等多种操作。

5.1　认识查询

在 Access 2003 数据库系统中，"查询"是一个比较特殊的数据库对象。查询就是依据一定的查询条件，对数据库中的数据信息进行查找。它与表一样，都是数据库的对象。它允许用户依据准则或查询条件抽取表中的记录与字段。

5.1.1　查询的概念

查询就是依据一定的查询条件，对数据库中的数据信息进行查找。它与表一样，都是数据库的对象。它允许用户依据准则或查询条件抽取表中的记录与字段。Access 2003 中的查询可以对一个数据库中的一个或多个表中存储的数据信息进行查找、统计、计算、排序等。

有多种设计查询的方法，用户可以通过查询设计器或查询设计向导来设计查询。

5.1.2　查询的功能

查询是数据处理和数据分析的工具，是在指定的（一个或多个）表中根据给定的条件从中筛选所需要的信息，供用户查看、更改和分析。利用查询可以实现多种功能。

1. 选择字段

在查询中，可以只选择表中的部分字段。如建立只显示"学生"表中每名学生的姓名、

性别、专业和系别。

2. 选择记录

根据指定的条件查找所需记录并显示。比如建立一个查询，只显示"教师"表中党员教师。

3. 编辑记录

包括添加记录、修改记录和删除记录。

4. 实现计算

在建立查询的过程中进行各种统计计算。比如根据"教师"表中教师的工作时间来判定教师的工龄。

5. 建立新表

利用查询的结果建立一个新表。

5.1.3 查询的类型

查询分为 5 类：选择查询、参数查询、交叉表查询、操作查询、SQL 查询。五类针对的目标不同，对数据的操作方式和结果也不同。

1. 选择查询

选择查询是最常用的、也是最基本的查询类型。它从一个或多个表中检索数据，并且在可以更新记录（有一些限制条件）的数据表中显示结果。也可以使用选择查询来对记录进行分组，并且对记录作总计、计数、平均值以及其他类型的汇总计算。

2. 参数查询

参数查询即在执行时显示自己的对话框以提示用户输入查询参数或准则。与其他查询不同，参数查询的准则是可以因用户的要求而改变的，而其他查询的准则是事先定义好的。

3. 交叉表查询

使用交叉表查询可以计算并重新组织数据的结构，这样可以更加方便地分析数据。交叉表查询计算数据的总计、平均值、计数或其他类型的汇总时，这种数据可分为两类信息：一类在数据表左侧排列，另一类在数据表顶端排列。

4. 操作查询

使用这种查询只需进行一次操作就可对许多记录进行更改和移动。有 4 种操作查询方式。

（1）生成表查询：生成表查询利用一个或多个表的全部或部分数据创建新表。例如，在客户管理系统中，可以用生成表查询来生成一个估计客户表。

（2）删除查询：删除查询可以从一个或多个表中删除记录。

（3）更新查询：更新查询可对一个或多个表中的一组记录进行全部更改。

（4）追加查询：追加查询可将一个或多个表中的一组记录追加到一个或多个表的末尾。

5. SQL 查询

所谓的 SQL 实际上是结构化查询语言（Structured Query Language）的缩写。它是现代数据库中用来描述查询的语言，SQL 查询是用户使用 SQL 语句创建的查询。实际上在 Access 2003 数据库系统中，所有的查询最终都是由 SQL 查询实现的。

5.1.4 查询条件设置

查询常常需要指定一定的条件，例如，查询 2003 年参加工作的女老师。这种带条件的查

询需要通过设置查询条件来实现。

查询条件是运算符、常量、字段值、函数以及字段名和属性等任意组合，通过它能够计算出一个结果。查询条件在创建带条件的查询时经常用到，因此，条件的组成显得非常重要。

1. 运算符

运算符是构成查询条件的基本元素。Access 提供了关系运算符、逻辑运算符和特殊运算符。3 种运算符及含义如表 5.1、表 5.2、表 5.3 所示。

表 5.1　关系运算符及含义

关系运算符	说明	关系运算符	说明
=	等于	<>	不等于
<	小于	<=	小于等于
>	大于	>=	大于等于

表 5.2　逻辑运算符及含义

逻辑运算符	说　　明
Not	当 Not 连接的表达式为真时，整个表达式为假
And	当 And 连接的表达式均为真时，整个表达式为真，否则为假
Or	当 Or 连接的表达式均为假时，整个表达式为假，否则为真

表 5.3　特殊运算符及含义

特殊运算符	含　　义	例　　子
In	按列表中的值查找	In("李明","王平","张三")，查找这三个人的记录
Between	指定一个字段值的范围	Between #98-01-01# and #98-12-31#，查询 1998 年一年的记录
Like	指定查找文本的字符模式	Like "张"，查询所有姓"张"的记录

 温馨小贴士

字符模式中"？"匹配一个字符；"*"匹配零个或多个字符；"#"匹配一个数字；方括号"[ ]"可匹配一个字符范围。

2. 函数

Access 提供了大量的内置函数，也称为标准函数或函数，如算术函数、字符函数、日期/时间函数和统计函数等。例如统计函数中的 SUM( )求和函数、AVG( )求平均函数、COUNT( )计数函数、MAX( )求最大值函数、MIN( )求最小值函数等。这些函数为更好地构造查询条件提供了极大的便利，也为更准确地进行统计计算、实现数据处理提供了有效的方法。表 5.4 是部分时间函数及含义。

表 5.4　时间函数名及含义

函　　数	含　　义	例　　子
Day(Date)	返回给定日期数据中日 1～31 的值	Day(#2011-8-1#)=1
Month(Date)	返回给定日期数据中月 1～12 的值	Month(#2011-8-1#)=8
Year(Date)	返回给定日期数据中年 100～9 999 的值	Year(#2011-8-11#)=2011，查询 2000 年参加工作的记录
Weekend(Date)	返回给定日期数据中星期 1～7 的值	
Hour(Date)	返回给定日期数据中小时 0～23 的值	
Date( )	返回当前日期	[日期]<Date( )-10，查询 10 天前记录

3. 使用文本值作为查询条件

使用文本值作为查询条件，可以方便地限定查询的文本范围。以文本值作为查询条件的示例和功能如表 5.5 所示。

表 5.5　使用文本值作为查询条件示例

字段名	条　　件	功　　能
职称	"教授"	查询职称为教授的记录
	"教授" Or "副教授"	查询职称为教授或副教授的记录
	Right([职称]，2)="教授"	
姓名	In（"李四"，"张三"）	查询姓名为"李四"或"张三"的记录
	"李四" Or "张三"	
	Not "李四"	查询姓名不为"李四"的记录
	Left([姓名]，1)="李" Like "李*"	查询姓"李"的记录
	Len([姓名])<=2	查询姓名为 2 个字的记录
课程名称	Right([课程名称]，2)="基础"	查询课程名称最后两个字为"基础"的记录
学生编号	Mid([学生编号]，5，2)="03"	查询学生编号第 5 和第 6 个字符为 03 的记录
	InStr([学生编号]，"03"）=5	

温馨小贴士

查询职称为教授的职工，查询条件可以表示为：="教授"，但为了输入方便，Access 允许在条件中省去 "="，所以可以直接表示为："教授"。输入时如果没有加双引号，Access 会自动加上双引号。

4. 使用空值或空字符串作为查询条件

空值是使用 Null 或空白来表示字段的值，空字符串是用双引号括起来的字符串，且双引号中间没有空格。使用空值或空字符串作为查询条件的示例如表 5.6 所示。

111

表5.6 使用空值或空字符串作为查询条件的示例

字段名	条件	功 能
姓名	Is Null	查询姓名为 Null（空值）的记录
	Is Not Null	查询姓名有值为 Not Null（不是空值）的记录
联系电话	" "	查询没有联系电话的记录

温馨小贴士

在条件中字段名必须用方括号括起来，而且数据类型应与对应字段定义的类型相符合，否则会出现数据类型不匹配的错误。

5.2 选 择 查 询

从一个或多个数据源中获得数据的查询称为选择查询。创建选择查询有两种方法，使用查询向导和在设计视图中创建查询。使用查询向导是一种最简单的创建查询的方法。

5.2.1 使用"查询向导"创建查询

使用"查询向导"创建查询比较简单，用户可以在向导指示下选择表和表中字段，但不能设置查询条件。在数据库窗口中使用简单查询向导不仅可以对单个表进行创建查询的操作，也可以对多个表进行创建查询的操作。

1. 从单个表中查询所需的数据

【操作实例1】创建名称为"教师情况"的查询，从"教师表"中查找"姓名""性别""职称"和"所属院系"字段，操作步骤如下。

（1）在"数据库"窗口中，单击"查询"对象。如图5.1所示。

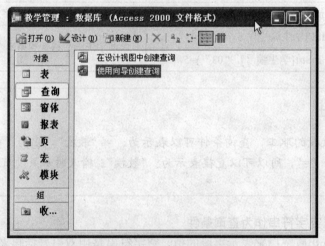

图5.1 "查询"对象界面

（2）在对象列表栏中，单击"使用向导创建查询"，打开"简单查询向导"对话框。

（3）选中"姓名"，单击"＞"；然后用同样的方法，依次选中"性别""职称"和"所属院系"字段，单击"下一步"。如图 5.2 所示。

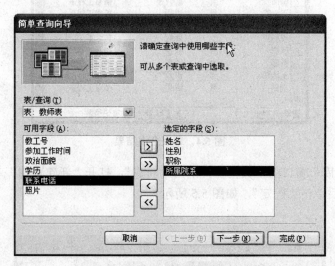

图 5.2 "简单查询向导"对话框

（4）在"简单查询向导（请为查询指定标题）"对话框中，修改标题为"教师情况"，如图 5.3 所示。选中"打开查询查看信息"，单击"完成"。弹出如图 5.4 所示的查询结果。

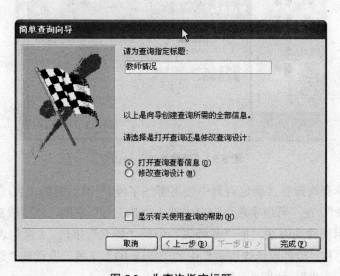

图 5.3 为查询指定标题

2. 从多个表查询所需要的数据

【操作实例 2】创建名称为"教师授课"的查询对象，从"教师表""课程表"和"教师授课课程表"中，查询教师开课的具体信息，包括"教工号""姓名""课程编号""课程名称"和"教师授课 ID"等数据。操作步骤如下。

（1）在"数据库"窗口中，单击"查询"对象。

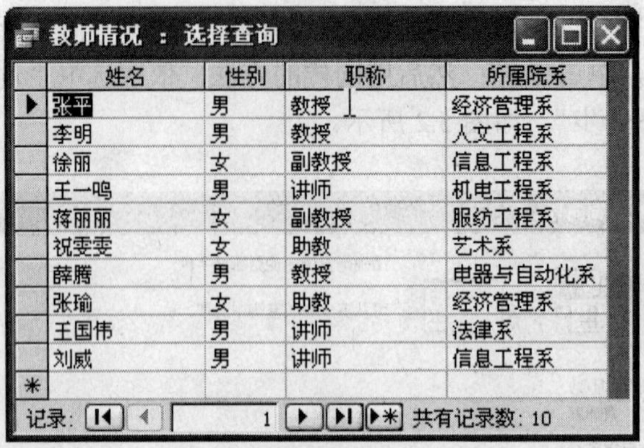

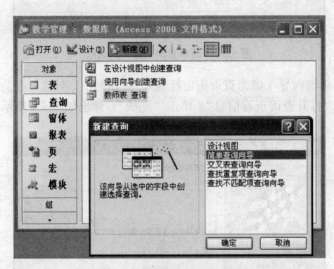

图 5.4　单表查询结果

（2）在"数据库"窗口的工具栏上，单击"新建"，打开"新建查询"对话框，选择"简单查询向导"，然后单击"确定"，如图 5.5 所示。

图 5.5　"新建查询"对话框

（3）在"简单查询向导（确定查询中使用哪些字段）"对话框的"表/查询"列表框中，首先选择"教师表"。在"可用字段"窗口中双击"教工号"字段，该字段被发送到"选定的字段"窗口中。用同样的方法，把"教师表"中的"姓名"字段、"课程表"中的"课程编号"、"课程名称"和"教师授课课程表"中的"授课 ID"字段，发送到"选定的字段"窗口中，然后单击"下一步"。如图 5.6 所示。

（4）在"简单查询向导"中的"请确定采用明细查询汇总查询"对话框中，使用默认设置，单击"下一步"。如图 5.7 所示。

（5）在"简单查询向导"中的"请为查询指定标题"对话框中，修改查询标题为"教师授课"，单击"完成"。如图 5.8 所示。

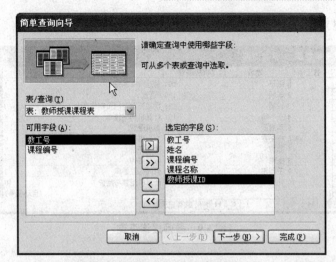

图 5.6 简单查询向导（选定字段）

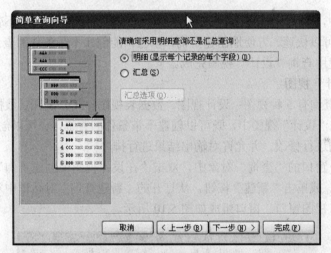

图 5.7 简单查询向导

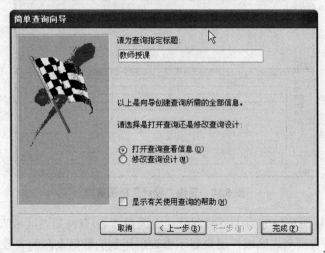

图 5.8 为查询指定标题

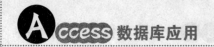

Access 开始建立查询，并将结果显示出来，如图 5.9 所示。

教工号	姓名	课程编号	课程名称	教师授课ID
1	张平	104	管理信息系统	1
2	李明	106	C语言	2
3	徐丽	108	网站开发与网页制作技术	3
4	王一鸣	101	计算机网络技术	4
5	蒋丽丽	109	微机原理	5
6	祝雯雯	103	Java语言	6
7	薛腾	107	软件开发	7
8	张瑜	110	数据结构	8
9	王国伟	102	Access数据库	9
10	刘威	105	计算机组装与维护	10
				(自动编号)

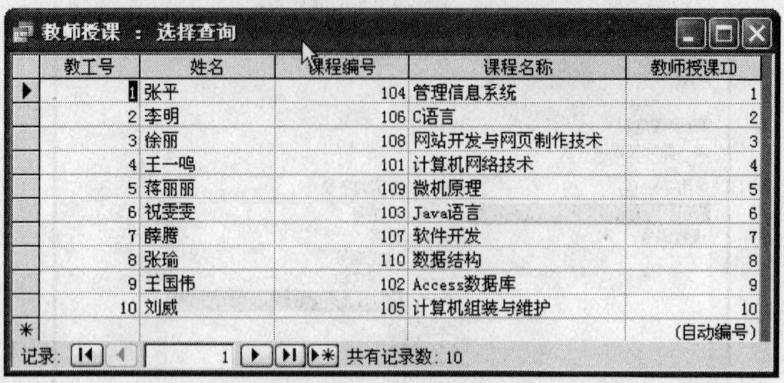

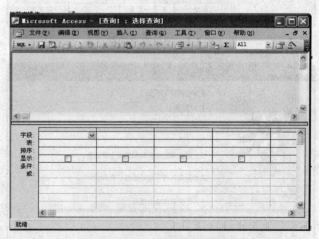

图 5.9 教师授课查询

5.2.2 使用“设计”视图创建查询

在实际应用中，需要创建的选择查询多种多样，有些带条件，有些不带任何条件。使用“查询向导”虽然可以快速、方便地创建查询，但它只能创建不带条件的查询，而对于有条件的查询需要通过使用查询“设计”视图完成。

1. 查询“设计”视图

在 Access 中查询有 5 种视图：设计视图、数据表视图、SQL 视图、数据透视表视图和数据透视图视图。在“设计”视图中，既可以创建不带条件的查询，也可以创建带条件的查询，还可以对已建查询进行修改，并允许对输出结果进行排序。

在“数据库”窗口的“查询”对象中，双击“在设计视图中创建查询”选项，打开查询“设计”视图窗口；或单击“新建”按钮，从打开的“新建查询”对话框中双击“设计视图”，打开查询“设计”视图窗口。窗口组成如图 5.10 所示。

图 5.10 查询“设计”视图窗口

查询“设计”视图窗口分为上下两部分：上面是“表/查询列表区域”，下面是“查询对象设计区域”。“表/查询列表区域”用来显示查询所用到的数据来源的表或查询对象的字段；“查询对象设计区域”用来确定查询对象要查找的数据字段和查询条件。

温馨小贴士

打开查询设计视图后，在 Access 主窗口中菜单栏、工具栏发生了变化，菜单栏添加了"查询"菜单，包含一些查询操作专用的子菜单，工具栏上新增加了一些按钮。

2. 创建不带条件的查询

【操作实例 3】使用设计视图创建名称为"教师及其教授课程"的查询，从"教师表""教师授课课程表""课程表" 3 个表中查找"教工号""姓名""课程编号""课程名称"字段的数据，了解教师授课情况。

（1）在 Access 中打开"教学管理"数据库。

（2）单击"查询"对象，双击"在设计视图中创建查询"选项，打开查询设计视图，并显示一个"显示表"对话框，在"显示表"对话框中选择"表"标签，如图 5.11 所示。

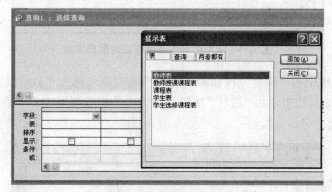

图 5.11 "显示表"对话框

（3）单击"教师表"，将"教师表"的字段列表添加到查询设计视图上半部分的字段列表区中，同样分别单击"教师授课课程表"和"课程表"两个表，单击"添加"按钮，也将它们的字段列表添加到查询设计视图的字段列表区中。或者分别双击这三个表，将这三个表添加到查询设计视图的字段列表区中。单击"关闭"按钮关闭"显示表"对话框，添加表之后的查询设计视图如图 5.12 所示。

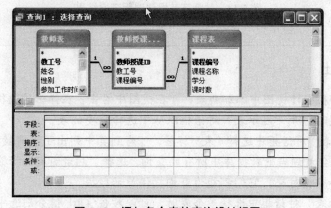

图 5.12 添加多个表的查询设计视图

（4）在表的字段列表中选择字段并拖动或双击放在设计网格的字段行上，在这里双击"教师表"中的"教师编号"和"姓名"字段，"教师授课课程表"中的"课程编号"字段，"课程表"中的"课程名称"字段，将它们添加到"字段"行的第一列到第四列上，这时"表"行上显示了这些字段所在表的名称，如图 5.13 所示。

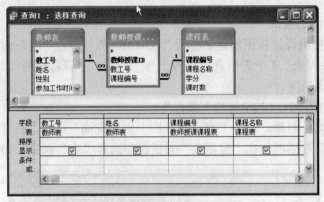

图 5.13 从多个表中选择查找的数据字段

（5）单击工具栏中的"保存"按钮 <img>，保存查询对象名称为"教师及其授课课程"。

（6）在主窗口工具栏中单击"运行"按钮 <img>，可在数据表视图中看到查询结果。如图 5.14 所示。

教工号	姓名	课程编号	课程名称
1	张平	104	管理信息系统
2	李明	106	C语言
3	徐丽	108	网站开发与网页制作技术
4	王一鸣	101	计算机网络技术
5	蒋丽丽	109	微机原理
6	祝雯雯	103	Java语言
7	薛腾	107	软件开发
8	张瑜	110	数据结构
9	王国伟	102	Access数据库
10	刘威	105	计算机组装与维护

记录：◄◄ ◄ 　1　 ► ►► ►* 共有记录数：10

图 5.14 教师及其授课课程查询结果

温馨小贴士

（1）如果需要在设计视图中添加新表，可在视图中右击，在弹出的快捷菜单中选择"显示表"命令，可随时打开"显示表"对话框以从中选择需要的表。

（2）在"显示表"对话框中选择"表"标签，可看到其中列出了当前数据库中所有的表。选择"查询"标签会看到当前数据库中所有的查询。选择"两者都有"标签会看到当前数据库中的所有的表和查询对象。它们都能为查询提供原始数据。

（3）在"显示表"对话框中选择多个表时，可以按住 Ctrl 键分别选中各个表，再单击"添加"按钮。

3. 创建带条件的查询

【操作实例 4】创建名称为"学生成绩"的查询，查找成绩在 80 分到 90 分之间（包含 80 和 90）的男生，显示"姓名""性别"和"课程成绩"。

（1）打开查询设计器。

在数据库窗口选择"对象"栏下的"查询"对象，并在创建方法列表中双击"在设计视图中创建查询"创建方法。

（2）选择查询数据来源。

选择"显示表"的"表"选项卡，添加"学生表"和"学生选修课程表"。

（3）添加目标字段。

向查询设计表格中添加目标字段"姓名""性别""课程成绩"。

（4）添加查询条件。

在查询设计表格的"性别"字段下的"条件"单元格中输入"男"，在"成绩"字段下的条件单元格中输入">=80 and <=90"。如图 5.15 所示。

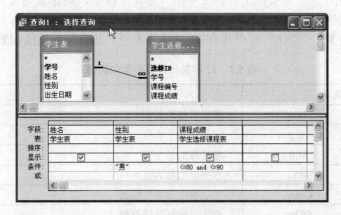

图 5.15　添加查询条件

（5）保存查询对象。

将以上查询保存为"学生成绩"。运行该查询，结果如图 5.16 所示。

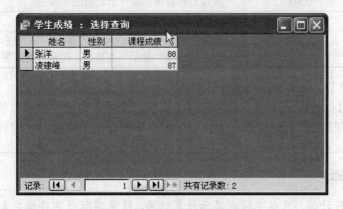

图 5.16　"学生成绩"查询结果

5.2.3 用查询执行计算

在实际应用中，常需要对查询的结果进行统计和计算，例如：求和、计数、求平均值、求最大值、求最小值，还有其他更复杂的计算。

1. 查询中的计算类型

在查询中可执行的计算，基本上可分为以下两种类型。

（1）总计计算。

总计计算又称为"预定义"计算，是系统提供的用于对查询中的记录组或全部记录进行计算：包括总和、平均值、计数、最小值、最大值、标准偏差或方差等。

为了进行总计计算，需要在工具栏上单击"总计"按钮，则在查询设计网格中增加"总计"行，这时单元格中显示"分组"。然后可以对每个字段，在"总计"行的单元格中选择一种计算类型进行计算。"总计"行中共有 12 种计算类型，其类型和功能如表 5.7 所示。

表 5.7 12 种总计计算类型和功能

总计选项		功 能
函数	Sum	求字段值的总和
	Avg	求字段的平均值
	Min	求字段的最小值
	Max	求字段的最大值
	Count	求字段中的非空值数
	StDev	求字段的标准偏差值
	Var	求字段的方差值
其他总计项	Group By	定义要执行计算的组
	First	求在表和查询中第一个记录的字段值
	Last	求在表和查询中第一个记录的字段值
	EXpression	定义新建的计算字段的表达式
	Where	指定不用于定义分组的字段条件，如果选中这个字段选项，Access 将清除"显示"复选框，隐藏查询结果中的这个字段

（2）自定义计算。

自定义计算可以使用一个或多个字段中的数据，在每个记录上执行数值、日期和文本计算。自定义计算的主要特点是需要在查询设计网格中创建用于计算的字段列。

2. 在查询中进行计算

在创建查询时，我们常常要统计记录的数量或者进行汇总。使用查询设计视图的"总计"行可以实现这个目的。

【操作实例 5】统计"学生表"中"班级"为"10 计算机"的学生人数。

（1）打开查询设计视图并添加"学生表"。

（2）将"学生表"字段列表中的"学号"和"班级"字段添加到字段行的第 1 列和第 2 列。

（3）单击工具栏上的"总计"按钮 Σ，在查询设计表格中会添加一个"总计"行，并自动将"学号"字段的"总计"行设置成"分组"。如图 5.17 所示。

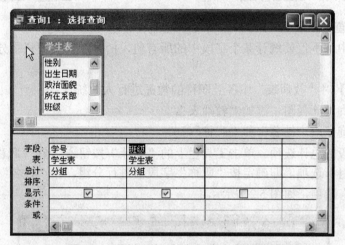

图 5.17　添加"总计"行的查询设计视图

（4）单击"学号"字段的"总计"行，并单击其右侧的向下箭头按钮，从打开的下拉列表中选择"计数"。单击"班级"字段的"总计"行，并单击其右侧的向下箭头按钮，从打开的下拉列表中选择"条件"。

（5）在"班级"列的"条件"行，输入"10 计算机"。如图 5.18 所示。

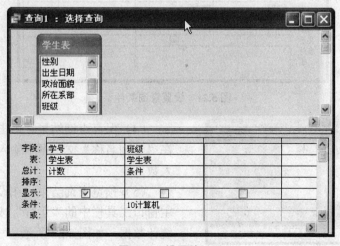

图 5.18　设置总计项

121

（6）单击"保存"按钮，在"查询名称"文本框中输入"10计算机学生人数"。如图 5.19 所示。

（7）单击工具栏上的"运行"按钮，查询结果如图 5.20 所示。

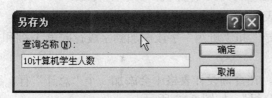

图 5.19　设置查询名称

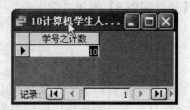

图 5.20　查询结果

3. 分组统计查询

在实际应用中，不仅要统计某个字段中的所有值，而且还需要把记录分组，对每个组的值进行分组统计。

【操作实例 6】对"教师表"中各类职称的教师进行人数统计。

（1）打开查询设计视图，添加"教师表"。

（2）选择查询字段"姓名"和"职称"。

（3）设置字段的总计选项。单击工具栏上的"总计"按钮 Σ，在"职称"字段"总计"单元格选择"分组"选项，即确定按"职称"字段值进行分组。在"姓名"字段"总计"单元格选择"计数"选项，如图 5.21 所示。

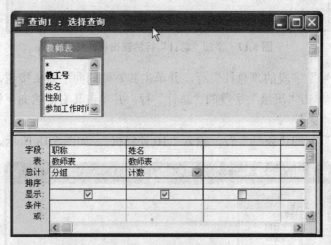

图 5.21　设置查询条件

图 5.22　查询结果

（4）保存查询结果。单击"保存"按钮，在"查询名称"文本框中输入"各类职称教师人数"。

（5）预览查询结果。在设计视图下，单击主窗口工具栏中的"运行"按钮，会显示分组统计数据，如图 5.22 所示。

4. 自定义计算字段

前面都是使用 Access 系统提供的统计函数进行计算，但如果统计的数据在表中没有相应字段，或者进行计算的数据值来自多个字段，前面介绍的方法就无能为力了。这时可以定义一个新的计算字段显示计算或统计的数据。

【操作实例 7】创建名称为"学生成绩分析查询–自定义字段"对象，该查询将根据"课程成绩"给出 5 分制成绩，根据不同成绩给出不同评语。

（1）打开查询设计视图，添加"学生表""学生选修课程表"与"课程表"，保存查询为"学生成绩分析查询–自定义字段"。

（2）选择查询字段。在查询设计区域添加"学号""姓名""课程名称""课程成绩"字段。如图 5.23 所示。

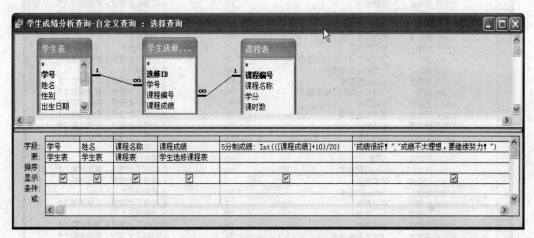

图 5.23　在查询中添加计算字段

（3）添加计算字段。

① 在查询设计网格的第 1 个空白列的"字段"的单元格中输入"5 分制成绩：Int(([课程成绩]+10)/20)"，其中，"5 分制成绩"是自定义的新字段名称，"Int(([课程成绩]+10)/20)"为该字段的计算表达式。如图 5.23 所示。

② 在查询设计网格的第 2 个空白列的"字段"单元格中输入"评语：Iif([课程成绩])=85"，"成绩很好！"，"成绩不太理想，要下劲努力！"，其中，"评语"为自定义的新字段名称，"Iif([课程成绩])=85"，"成绩很好！"，"成绩不太理想，要继续努力！"为该字段的计算表达式。如图 5.23 所示。

（4）预览查询。在设计视图下，单击主窗口工具栏上的"运行"按钮，会出现图 5.24 所示结果。

🖎 **温馨小贴士**

1. 自定义字段与表达式

自定义字段的数据可以通过表或查询中已有字段建立的表达式构成，如"Int(([课程成绩]+10)/20)"表达式由函数、常数、文字、操作符等构成。

2. Access 的默认函数

可以直接使用 Access 的默认函数，Int（表达式）为向下取整函数，Iif（表达式，值 1，值 2）为判定函数，"表达式"结果为 true，返回"值 1"，"表达式"结果为 false，返回"值 2"。

学号	姓名	课程名称	课程成绩	5分制成绩	评语
11001	杨佳	计算机组装与维护	90	5	成绩很好！
11002	肖宏辉	Java语言	68	3	成绩不太理想，要继续努力！
11003	吕文栋	C语言	73	4	成绩不太理想，要继续努力！
11004	张洋	Access数据库	88	4	成绩很好！
11005	谢海燕	软件开发	95	5	成绩很好！
11006	周海波	数据结构	76	4	成绩不太理想，要继续努力！
11007	王哲	计算机组装与维护	52	3	成绩不太理想，要继续努力！
11008	张迪	计算机网络技术	35	2	成绩不太理想，要继续努力！
11009	凌建峰	管理信息系统	87	4	成绩很好！
11010	赵娜	微机原理	100	5	成绩很好！
11011	李扬	网站开发与网页制作技术	42	2	成绩不太理想，要继续努力！
11012	辛瑞	计算机组装与维护	99	5	成绩很好！
11013	刘姗姗	Access数据库	68	3	成绩不太理想，要继续努力！
11014	高亮	网站开发与网页制作技术	79	4	成绩不太理想，要继续努力！
11015	王金波	微机原理	32	2	成绩不太理想，要继续努力！
11016	于晓静	管理信息系统	84	4	成绩不太理想，要继续努力！
11017	杜文秀	数据结构	56	3	成绩不太理想，要继续努力！
11018	李冰	Java语言	67	3	成绩不太理想，要继续努力！
11019	许振国	软件开发	100	5	成绩很好！
11020	季枫林	C语言	93	5	成绩很好！
11001	杨佳	Access数据库	61	3	成绩不太理想，要继续努力！
11006	周海波	软件开发	72	4	成绩不太理想，要继续努力！
11008	张迪	Access数据库	88	4	成绩很好！
11010	赵娜	软件开发	73	4	成绩不太理想，要继续努力！
11013	刘姗姗	Java语言	92	5	成绩很好！
11020	季枫林	数据结构	23	1	成绩不太理想，要继续努力！
11015	王金波	计算机网络技术	78	4	成绩不太理想，要继续努力！
11012	辛瑞	管理信息系统	46	2	成绩不太理想，要继续努力！
11017	杜文秀	管理信息系统	93	5	成绩很好！
11005	谢海燕	网站开发与网页制作技术	77	4	成绩不太理想，要继续努力！

记录：共有记录数：30

图 5.24　查询生成的自定义字段数据

5.3　参　数　查　询

参数查询时在选择查询的基础上增加了人机交互功能。运行参数查询对象时，用户可以根据提示输入参数，查询对象能根据用户输入的参数自动修改查询准则，为不同用户查找不同数据。用户既可以创建单参数查询，也可以创建多参数查询。

5.3.1　单参数查询

单参数查询就是在查询中指定一个参数，执行查询时需要输入一个参数值。

【操作实例 8】按学历查找教师信息，操作步骤如下：

（1）在"数据库"窗口的"查询"对象中，打开查询设计视图，选择"教师表"，并将"*"拖到设计网格中，如图 5.25 所示。

（2）把"学历"字段拖到第 2 列，取消"显示"单元格复选框。

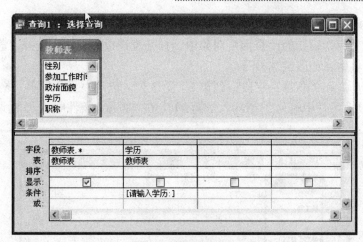

图 5.25　参数查询设计

（3）在"学历"条件中输入"［请输入学历：］"，如图 5.25 所示。

（4）在工具栏上，单击"运行"按钮 ，弹出"输入参数值"对话框，如图 5.26 所示。

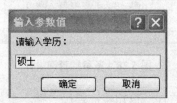

图 5.26　"输入参数值"对话框

（5）输入要查找的学历，单击"确定"按钮。查询结果如图 5.27 所示。

图 5.27　单参数查询结果

（6）保存查询为"教师学历–单参数查询"。

温馨小贴士

"*"代表所有字段。

5.3.2　两个以上的参数查询

两个以上的参数查询称为多参数查询。它是在几个字段中的"条件"单元格中，分别输入参数的表达式，因此称为多参数查询。

【操作实例9】按指定的学历和职称查询教师信息。操作步骤如下：

（1）在"数据库"窗口的"查询"对象中，打开查询设计视图，选择"教师"表，并将"*"拖到设计网格中，如图5.28所示。

（2）把"学历"和"职称"字段拖到第2、第3列，取消"显示"单元格中复选框。

（3）在"学历"条件中输入"[请输入学历：]"，在"职称"条件中输入"[请输入职称：]"，如图5.28所示。

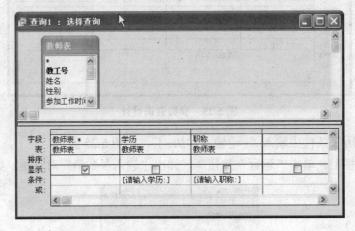

图5.28 多参数查询设计

（4）在工具栏上，单击"运行"按钮，弹出"输入参数值"对话框（1），输入要查找的学历"博士"，然后单击"确定"，如图5.29所示。

（5）接着弹出"输入参数值"对话框（2），输入要查找的职称"教授"，单击"确定"，如图5.30所示。

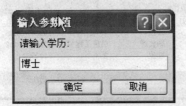   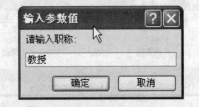

图5.29 "输入参数值"对话框（1）   图5.30 "输入参数值"对话框（2）

（6）查询结果如图5.31所示。保存查询为"教师学历职称–多参数查询"。

	教工号	姓名	性别	参加工作时间	政治面貌	学历	职称	所属院系	联系电话
▶	1	张平	男	1996-7-1	党员	博士	教授	经济管理系	13498752335
	7	薛腾	男	1995-7-1	团员	博士	教授	电器与自动化系	6325695
*	0								

记录：|◀ ◀   1   ▶ ▶|▶* 共有记录数：2

图5.31 多参数查询结果

5.4 交叉表查询

"交叉表查询"主要用来显示来源于表中某个字段的汇总值，如合计、计算以及平均等，并将它们分组，一组列在数据表的左侧，一组列在数据表的上部。通过交叉表查询，我们可以像在 Excel 中一样对表或查询中的数据进行分析和处理。

使用向导创建交叉表查询时，只能以单个数据表（或者查询）作为数据源，如果使用查询设计视图创建交叉表查询，则可使用来自多个数据表（或者查询）的数据。

5.4.1 使用交叉表查询向导

【操作实例 10】创建一个名为"每班男女生人数统计交叉表"的交叉表查询，统计每班的男女生人数。

（1）在"教学管理"数据库窗口的查询对象下，单击"新建"按钮，打开"新建查询"对话框。在该对话框中，双击"交叉表查询向导"，打开"交叉表查询向导"第 1 个对话框。

（2）交叉表查询的数据源可以是表，也可以是查询。此例数据源为表，因此单击"视图"选项组中的"表"单选按钮。选择"表：学生表"，如图 5.32 所示。

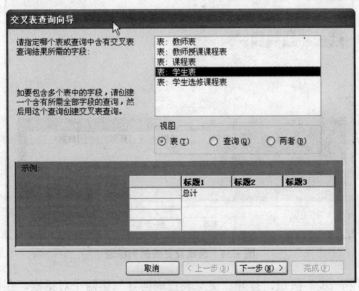

图 5.32 选择学生表作为数据源

（3）单击"下一步"按钮，打开"交叉表查询向导"第 2 个对话框。在该对话框中，确定交叉表的行标题。这里双击"可用字段"框中"班级"字段，结果如图 5.33 所示。

（4）单击"下一步"按钮，打开"交叉表查询向导"第 3 个对话框。在该对话框中，确定交叉表的列标题。这里双击"性别"字段，结果如图 5.34 所示。

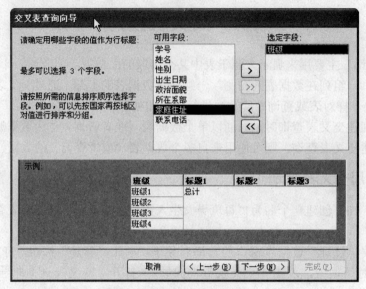

图 5.33 选择交叉表的行标题

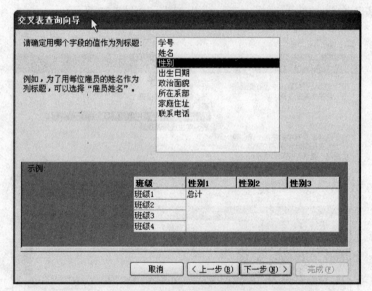

图 5.34 选择交叉表的列标题

（5）单击"下一步"按钮，打开"交叉表查询向导"第四个对话框。在该对话框中，确定计算字段。为了使交叉表显示男女生人数，这里选中"字段"框中"姓名"字段，然后在"函数"框中选中"计数"。若不在交叉表的每行前面显示总计数，应取消"是，包括各行小计"复选框，如图 5.35 所示。

（6）单击"下一步"按钮，打开"交叉表查询向导"最后一个对话框。在该对话框中给出一个默认的查询名称，我们修改为"每班男女生人数统计交叉表"，然后单击"查看查询"单选按钮，最后单击"完成"按钮。如图 5.36 所示。

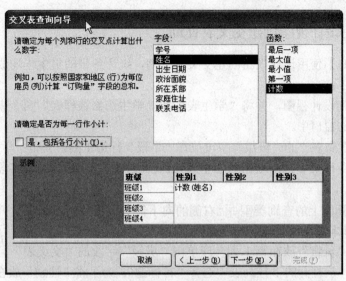

图 5.35 选择交叉表的计算字段

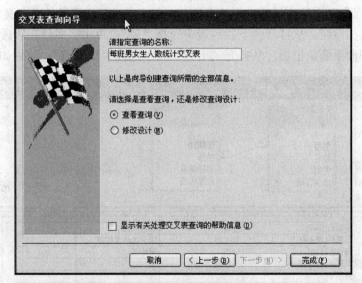

图 5.36 指定查询名称

（7）单击"完成"按钮，结果如图 5.37 所示。

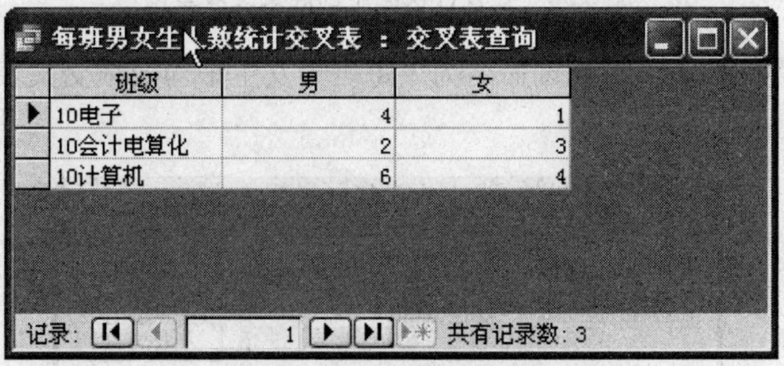

班级	男	女
10电子	4	1
10会计电算化	2	3
10计算机	6	4

图 5.37 交叉表查询结果

5.4.2 使用设计视图创建交叉表查询

【操作实例 11】使用设计视图创建交叉表查询，统计各班的男生平均成绩和女生平均成绩。操作步骤如下：

（1）打开查询设计视图，并将"学生表"和"学生选修课程表"两个表添加到"设计"视图的上半部分的窗口中。

（2）双击"学生表"的"班级"字段放在"字段"行第 1 列，双击"学生表"的"性别"字段放在"字段"行第 2 列，双击"学生选修课程表"的"课程成绩"字段放在"字段"行第 3 列。

（3）单击工具栏上的查询类型 📑 · 右侧的向下箭头按钮，然后从下拉列表中选择"交叉表查询"选项。此时会在设计视图下方自动插入"总计"行和"交叉表"行。

（4）为了把"班级"放在第 1 列，应单击"班级"字段的"交叉表"行，然后单击其右侧向下箭头按钮，从打开的下拉列表中选择"行标题"；为了将"性别"放在第 1 行上，单击"性别"字段的"交叉表"行，然后单击其右侧向下箭头按钮，从打开的下拉列表中选择"列标题"；为了在行和列交叉处显示成绩的平均值，单击"成绩"字段的"交叉表"行，然后单击其右侧向下箭头按钮，从打开的下拉列表中选择"值"；单击"成绩"字段的"总计"行，然后单击其右侧向下箭头按钮，从打开的下拉列表中选择"平均值"；结果如图 5.38 所示。

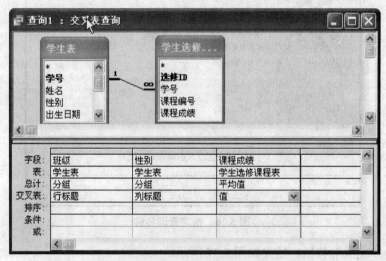

图 5.38 在设计视图中创建交叉表查询

（5）单击"保存"按钮，将查询命名为"每班男女生平均成绩交叉表"，单击"确定"按钮，如图 5.39 所示。

图 5.39 查询命名

（6）单击"运行"按钮，查询结果如图 5.40 所示。

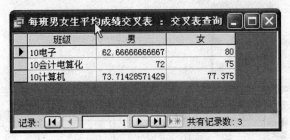

图 5.40　交叉表查询结果

温馨小贴士

　创建交叉表的关键是确定行标题的字段、列标题的字段、交叉位置的字段。

5.5　操作查询

　　操作查询是依据查询条件和检索结果，在数据库中完成追加记录、更新数据、删除记录等操作的查询。利用此种查询，还可以将检索结果作为一个新表添加到数据库中。操作查询包括生成表查询、删除查询、更新查询和追加查询 4 种。

　　生成表查询：这种查询可以根据一个或多个表中的全部或部分数据新建表。在 Access 中，从表中查询比从查询中访问数据快得多。因此如果经常要从几个表中提取数据，最好的方法是使用生成表查询，将从多个表中提取数据组合生成一个新表。

　　更新查询：这种查询可以对一个或多个表中的一组记录作全局更改。例如，可以将所有商品的价格提高 10 个百分点。使用更新查询，可以更改已有表中的数据。

　　追加查询：追加查询将一个或多个表中的一组记录添加到一个或多个表的末尾。例如，假设用户获得了一些新的客户以及包含这些客户信息的数据库。若要避免在自己的数据库中键入所有这些信息，最好将其追加到"客户"表中。

　　删除查询：这种查询可以从一个或多个表中删除一组记录。例如可以使用删除查询来删除某些空白记录。使用删除查询通常会删除整个记录，而不只是记录中的部分字段。

5.5.1　生成表查询

【操作实例 12】从学生表中查询所有学生党员的信息，并将其保存为"学生党员–生成表"。
操作步骤如下：

（1）打开查询设计视图，将"学生表"添加到设计视图的上方窗格中。

（2）将"学生表"中的"*"拖放到设计视图下方"字段"行的第一列，这个"*"代表了"学生表"中的所有字段。

（3）将"政治面貌"字段拖放到设计视图下方的"字段"行的第 1 列，在该列的"条件"行上输入"党员"，并使该列"显示"复选框未被选中。如图 5.41 所示。

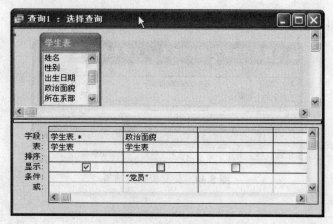

图 5.41　创建生成表查询

（4）单击主窗口工具栏上的"查询类型"按钮 ⚲· 旁的向下箭头，从下拉列表中选择"生成表查询"，为要生成的新表输入一个表名"学生党员–生成表"，单击"确定"。如图 5.42 所示。

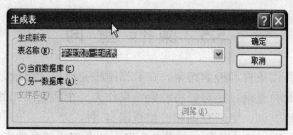

图 5.42　为生成表命名

（5）单击主窗口工具栏左端的"视图"按钮 📈，可预览当前查询所生成的新表内容，若不满意可再次单击"视图"按钮切换到设计视图进行修改。

（6）单击工具栏上的"运行"按钮，此时将弹出一个生成表提示框，单击"是"按钮，即可在当前数据库内生成一个"学生党员–生成表"新表。如图 5.43 所示。

图 5.43　创建新表提示框

（7）在数据表视图中打开的"学生党员–生成表"如图 5.44 所示。

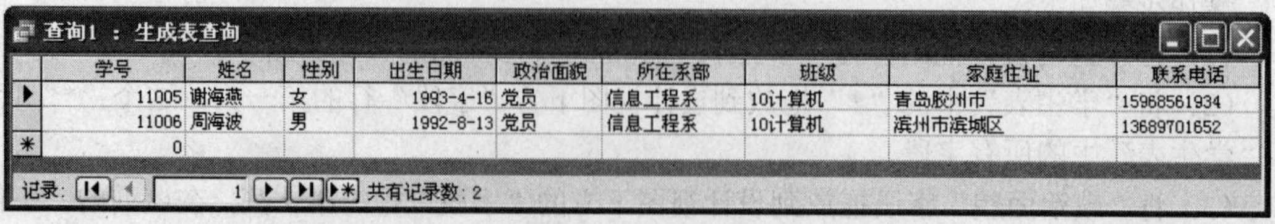

	学号	姓名	性别	出生日期	政治面貌	所在系部	班级	家庭住址	联系电话
▶	11005	谢海燕	女	1993-4-16	党员	信息工程系	10计算机	青岛胶州市	15968561934
	11006	周海波	男	1992-8-13	党员	信息工程系	10计算机	滨州市滨城区	13689701652
＊	0								

记录：◀◀ ◀ 1 ▶ ▶◀ ▶＊ 共有记录数：2

图 5.44　新生成的"学生党员–生成表"

5.5.2　删除查询

创建一个删除查询，可以方便地从一个表或多个相关的表中删除符合指定条件的所有记录。需注意的是，删除查询只能删除表中符合条件的整行记录，而无法删除个别字段的内容。此外，删除查询将永久删除表中指定的记录，并且无法恢复。

如果删除的记录来自多个表，必须满足以下几点：

（1）在"关系"窗口中定义相关表之间的关系。

（2）在"关系"对话框中选中"实施参照完整性"复选框。

（3）在"关系"对话框中选中实施"级联删除相关记录"复选框。

【操作实例 13】将"学生选修课程表"中课程成绩低于 60 分的记录删除。

操作步骤如下：

（1）打开查询设计视图，添加"学生选修课程表"到设计视图的上半部分窗口。

（2）单击工具栏上的"查询类型"按钮 ，从下拉列表中选择"删除查询"项，此时查询设计网格中显示"删除行"。

（3）拖动"学生选修课程表"字段列表中的"*"到设计网格"字段"行的第 1 列上，这时第 1 列上显示"学生选修课程表.*"，表示已将该表中的所有字段放在设计网格中。同时在字段"删除"行显示"From"，表示从何处删除记录。

（4）拖动"学生选修课程表"字段列表中的"课程成绩"字段放到设计网格"字段"行的第 2 列上，同时在字段"删除"行显示"Where"，表示要删除哪些记录。

（5）在"课程成绩"字段的"条件"行中键入条件"<60"，设置结果如图 5.45 所示。

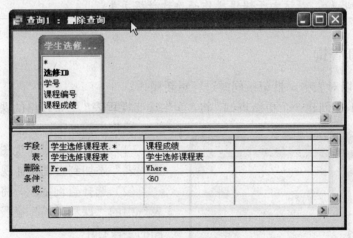

图 5.45　条件设置

（6）单击工具栏上的"视图"按钮 ，能够预览到"删除查询"检索到的记录，如图 5.46 所示。如果预览的记录不是要删除的，可以再次单击工具栏上的"视图"按钮，返回设计视图进行更改。

（7）在设计视图中，单击工具栏的运行按钮 ，这时屏幕上显示一个提示框，如图 5.47 所示，单击"是"按钮，则执行删除，单击"否"，则不删除。这里我们单击"是"按钮。此时再返回就可以看到成绩小于 60 分的记录已被删除。

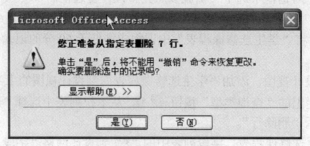

图 5.46　预览删除记录

图 5.47　删除确认对话框

 温馨小贴士

删除查询将永久删除指定表中的记录，并且无法恢复，所以应十分慎重，最好对删除记录所在的表进行备份，以防由于错误操作而导致数据丢失。

5.5.3　更新查询

更新查询可以对表中一批记录同时进行更新操作。

【操作实例 14】创建一个更新查询，将"学生选修课程表"中不及格的课程成绩加 10 分。

图 5.48　更新条件设置

操作步骤如下：

（1）打开查询设计视图，把"学生选修课程表"添加到查询设计视图中。

（2）选择查询字段。将"学生选修课程表"中的"课程成绩"字段拖到查询设计视图的字段行中。

（3）选择查询类型为"更新查询"。单击工具栏中的"查询类型"按钮，在其下拉菜单中选择"更新查询"命令，这时查询设计表格中会添加一个"更新到"行，在"课程成绩"列的"条件"单元格输入"<60"，如图 5.48 所示。

（4）输入查询准则。在"课程成绩"列

的"更新到"单元格中输入"[课程成绩]-10",如图 5.48 所示。

（5）预览"更新查询"检索的数据。单击工具栏中的"视图"按钮，能够在数据表视图预览查询查找到的一组数据，它们是将被更新的数据，如图 5.49 所示。

（6）执行更新数据的操作。单击工具栏中的"视图"按钮，返回设计视图，再单击工具栏上的"运行"按钮，系统弹出提示对话框，单击"是"按钮即可，如图 5.50 所示。

（7）保存更新查询为"减分操作–更新查询"。

图 5.49　"更新查询"检索的数据

图 5.50　更新记录提示框

5.5.4　追加查询

维护数据库时，如果将某个表符合一定条件的记录添加到另一个表上，可以使用追加查询。

【操作实例 15】 建立一个追加查询，将"学生表"中某个指定学号的学生记录数据添加到"休学退学学生表"中。

操作步骤如下：

（1）打开查询设计视图，并将"学生表"添加到查询设计视图上半部分的窗口中。

（2）将"学生表"中的"*"拖放到设计视图下方"字段"行的第 1 列，表示追加所有字段的数据。再将"学号"拖放到"字段"行的第 2 列。

（3）在"学号"列的"条件"行上输入"[请输入学号：]"，从而创建一个要求输入学号的单参数查询。

（4）单击工具栏上的"查询类型"按钮，从下拉列表中选择"追加查询"项，在弹出的"追加"对话框中指定追加到"休学退学学生表"，如图 5.51 所示。单击"确定"按钮关闭"追加"对话框，此时视图窗口标题变为"追加查询"，并在设计视图下方自动添加一个"追加到"行，且该行网格中已自动显示出"休学退学学生表.*"。设计结果如图 5.52。

图 5.51　"追加"对话框

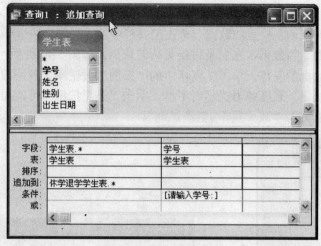

图 5.52 创建追加查询

（5）单击工具栏左端的"视图"按钮，将会弹出一个"输入参数值"对话框提示"请输入学号："，在其中输入一个学号后即可预览所要追加的记录。再次单击"视图"按钮切换到设计视图可对当前查询进行修改。

（6）单击工具栏上的"运行"按钮，将会弹出一个"输入参数值"对话框，如图 5.53 所示。在其中输入一个学号后将弹出一个追加提示框，如图 5.54 所示，单击其内的"是"按钮，即可将"学生表"中指定学号的记录数据追加到"休学退学学生表"中。

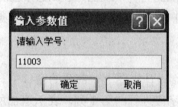

图 5.53 输入参数值对话框　　**图 5.54 追加确认对话框**

（7）保存查询为"追加查询"。打开"休学退学学生表"可看到追加结果如图 5.55 所示。

图 5.55 追加结果生成表

温馨小贴士

这个"休学退学学生表"应该是事先存在的，并且具有与"学生表"相同的结构。

无论是哪种操作查询，都有可能更改很多记录，因此在执行前，最好单击工具栏上的"视图"按钮，预览即将更改的记录，如果确定预览到的记录就是要操作的记录，再执行。这样可防误操作。另外使用操作查询前，应先备份数据。

5.6 SQL 查 询

SQL 是英文 Structured Query Language 的缩写，意思为结构化查询语言。SQL 语言的主要功能就是同各种数据库建立联系，进行沟通。按照 ANSI（美国国家标准协会）的规定，SQL 被作为关系型数据库管理系统的标准语言。SQL 语句可以用来执行各种各样的操作，例如更新数据库中的数据，从数据库中提取数据等。目前，绝大多数流行的关系型数据库管理系统，如 Oracle、Sybase、Microsoft SQL Server、Access 等都采用了 SQL 语言标准。

如前所述，利用 Access 的查询向导或查询设计视图能够以交互方式方便地创建各种用途的查询对象。实际上，在以各种交互方式创建查询时，Access 会在后台自动构造等效的 SQL 语句。所以，创建某个查询对象实质上就是生成其对应的 SQL 语句；执行某个查询对象也就是执行其对应的 SQL 语句。用户如果掌握了 SQL 的语法规则，也就可以根据查询目的，直接在 SQL 视图中输入、编辑和执行相应的 SQL 语句。

SQL 语言主要特点包括以下几点。

（1）综合统一。

SQL 语言风格统一，可以独立完成数据库生命周期中的全部活动，包括定义关系模式、录入数据以建立数据库、查询、更新、维护、数据库重构、数据库安全性控制等一系列操作要求，这就为数据库应用系统开发提供了良好的环境。

（2）高度非过程化。

用 SQL 语言进行数据操作，用户只需提出"做什么"，而不必指明"怎么做"。

（3）共享性。

SQL 是一个共享语言，它全面支持客户机、服务器模式。

（4）语言简洁，易学易用。

SQL 所使用的语句很接近自然语言，易于掌握和学习。

SQL 语言集数据查询（data query）、数据操纵（data manipulation）、数据定义（data definition）和数据控制（data control）功能于一身，完成这些功能只用 9 个动词，如表 5.8 所示。

表 5.8 SQL 语言功能与其对应语言

功　能	动　词
数据定义	CREATE，DROP，ALTTER
数据操作	INSTER，UPDATE，DELETE
数据查询	SELECT
数据控制	CRANT，REVOTE

以下主要介绍数据定义、数据操作、数据查询等基本语句。

1. CREATE 语句

CREATE 语句用于定义基本表，其基本格式如下：

CREATE TABLE <表名>(<字段名 1><数据类型 1>[字段级完整性约束条件 1]

[,<字段名 2><数据类型 2>[字段级完整性约束条件 2]][,...]

[,<字段名 n><数据类型 n>[字段级完整性约束条件 n]][,...]

[,<表级完整性约束条件>];

其中<表名>定义表的名称,<字段名>定义表中字段名称,<数据类型>是对应字段的数据类型。每个字段必须定义字段名和数据类型。[字段级完整性约束条件]定义相关字段的约束条件。

【操作实例 16】 创建一个课程新表。

打开"SQL"视图的方法是:先打开查询设计视图,然后选择"视图"菜单中的"SQL 视图"命令,或单击工具栏中的"视图"按钮,从下拉列表中选择"SQL 视图"选项。如图 5.56 所示。输入下列语句后,点击运行按钮 ![运行], 在表页面可以看见新创建的课程新表。如图 5.57 所示。

图 5.56 数据定义查询

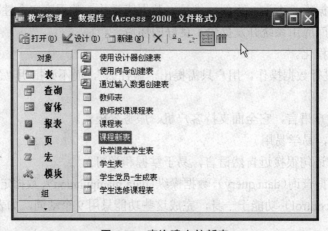

图 5.57 查询建立的新表

CREATE TABLE 课程新表 (课程编号 SMALLINT PRIMARY KEY,

课程名称 CHAR(30),课程类别 CHAR(20),

学分 BYTE,备注 MEMO);

2. ALTER 语句

当我们需要修改创建的表时可以采用 ALTER 语句,其基本格式如下:

ALTER TABLE <表名>

[ADD <新字段名> <数据类型> [字段级完整性约束条件]]

[DROP [<字段名>]...]

[ALTER <字段名> <数据类型>];

ADD 子句用于增加新字段和该字段的完整性约束条件,DROP 子句用于删除指定的字段，ALTER 子句用于修改原有的字段属性。

【操作实例 17】在课程新表中增加一个字段，字段名为"课程说明"，数据类型为"备注"；将原"备注"字段删除，将"课程编号"字段的数据类型改为文本型，字段大小为 4。

（1）添加新字段的 SQL 语句为：

ALTER TABLE 课程新表 ADD 课程说明 MEMO；

（2）删除"备注"字段的 SQL 语句为：

ALTER TABLE 课程新表 DROP 备注；

（3）修改"课程编号"字段属性的 SQL 语句为：

ALTER TABLE 课程新表 ALTER 课程编号 CHAR(4)。

 温馨小贴士

用 ALTER 语句修改表的结构时，不能一次添加或删除多个字段。

3. DROP 语句

如果希望删除某个不需要的表，可以使用 DROP TABLE 语句，其基本格式如下：

DROP TABLE   <表名>；

4. INSERT 语句

INSERT 语句实现数据的插入功能，可将一条新记录插入指定的表中。其基本格式如下：

INSERT INTO <表名> [(<字段名 1> [,<字段名 2>…])]

VALUES (<常量 1> [,<常量 2>]…)；

当插入的记录不完整时，可以用<字段名 1>，<字段名 2>…指定字段，VALUES (<常量 1> [, <常量 2>]…) 则是给出具体的字段值。

【操作实例 18】将一条新记录插入到"课程新表"中。

INSERT INTO 课程新表 VALUES ("0001"，"大学数学"，"公共基础课"，"3"，"所有入学新生在第一学期必修")

5. UPDATE 语句

UPDATE 语句实现的是数据库更新功能。其语句的格式为：

UPDATE   <表名>

SET <字段名 1>=<表达式 1> [,<字段名 2>=<表达式 2>]…

[WHERE <条件>]；

<字段名>=<表达式>是用表达式的值替代对应字段的值，并且一次可以修改多个字段。使用 WHERE 子句来指定被更新记录的字段值所满足的条件。如果不使用 WHERE 子句，则更新全部记录。

【操作实例 19】将"课程新表"中大学数学的学分改为"2"。

UPDATE 课程新表 SET 学分=2   WHERE 课程名称="大学数学"

6. DELETE 语句

DELETE 语句实现数据的删除功能，能够对指定表所有记录或满足条件的记录进行删

除。其语句的格式为：

DELETE FROM <表名>

[WHERE <条件>];

【操作实例20】将"课程新表"表中课程编号为"0001"的记录删除。

DELETE FROM 课程新表 WHERE 课程编号="0001";

7. SELECT 语句

查询是 SQL 语言的核心，SQL 中功能最强大、最常用的是 SELECT 语句，该语句不仅能够从一个或多个表中检索出符合各种条件的数据，并且能够进行嵌套查询、分组查询及各种特殊查询，还能将查询结果保存为新的数据表。

SELECT 的用途是从指定表中取出指定列的数据，这个语句在数据库系统中是最常用，也是最灵活的语句，掌握好 SELECT 语句是作为数据库开发的基础。其语法格式如下：

SELECT [ALL|DISTINCT] *|<字段列表>

FROM <表名 1> [,<表名 2>]...

[WHERE <条件表达式>]

[GROUP BY <字段 1>[HAVING <条件表达式>]]

[ORDER BY <字段 2>[ASC|DESC]]

① "SELECT"说明执行查询操作。

② "ALL|DISTINCT"用来限制返回的记录数量，默认值为"ALL"；"DISTINCT"说明要去掉重复的记录。

③ 可以使用"*"代表从特定表中指定的全部字段。<字段列表>使用"，"将项分开，这些项可以是字段、常数或系统内部的函数。

④ "FROM"短语说明要查询的数据来自哪些表。

⑤ "WHERE"短语说明查询的条件。

⑥ "GROUP BY"短语用于对查询结果按指定的列进行分组，可以利用它进行分组、汇总。

⑦ "HAVING"短语必须跟随"GROUP BY"使用，用来限定分组必须满足的条件。

⑧ "ORDER BY"短语用来对查询结果进行排序。ASC 表示结果按某一字段值的升序排列，如果选择 DESC，表示检索结果按某一字段值降序排列。

（1）检索表中所有记录的所有字段。

【操作实例21】查找并显示"教师表"中的所有字段。

SELECT * FROM 教师

（2）检索表中所有记录指定的字段。

【操作实例22】查找并显示教师表中"教工号""姓名""性别""出生日期""所属院系"5 个字段。

SELECT 教工号，姓名，性别，出生日期，所属院系 FROM 教师

（3）检索满足条件的记录和指定的字段。

【操作实例23】查找职称是"教授"的男教师，并显示"姓名""性别""出生日期""所属院系"。

SELECT 姓名，性别，出生日期，所属院系 FROM 教师表

WHERE 性别="男" AND 职称="教授"

（4）进行分组统计，并增加新字段。

【操作实例24】计算各种职称的教师人数，并将计算字段命名为"各种职称人数"。

SELECT COUNT (教工号) AS 各种职称人数 FROM 教师表 GROUP BY 职称

 温馨小贴士

其中各种职称人数是新字段名。

（5）对检索结果进行排序。

【操作实例25】计算每名学生的平均成绩，并按平均成绩降序显示。

SELECT 学号，AVG (课程成绩) AS 平均成绩 FROM 学生选修课程表

GROUP BY 学号 ORDER BY AVG (成绩) DESC

（6）将多个表连接在一起。

【操作实例26】创建名称为"通过 SQL 查询查找学生成绩"的查询对象，在"学生表""课程表""学生选修课程表"中查找"Access 数据库"课程的学生成绩名单，显示"学号""姓名""课程名称""课程成绩"信息，并按"课程成绩"降序排序。

① 打开"教学管理"数据库。

② 打开查询设计视图，添加"学生表""课程表""学生选修课程表"。

③ 打开 SQL 视图。在工具栏中单击"视图"按钮 或选择"视图"→"SQL 视图"命令，即可打开 SQL 视图。

④ 输入 SQL 语句。在 SQL 视图下输入以下 SQL 语句，如图 5.58 所示。

SELECT 学生表.学号，学生表.姓名，课程表.课程名称，学生选修课程表.课程成绩

FROM 学生表，课程表，学生选修课程表

WHERE 学生表.学号=学生选修课程表.学号

AND 课程表.课程编号=学生选修课程表.课程编号 AND 课程名称="Access 数据库"

order by 课程成绩 DESC；

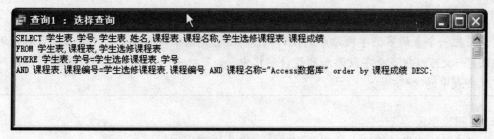

图 5.58 输入 SQL 语句

⑤ 保存查询为"通过 SQL 查询查找学生成绩"。

⑥ 浏览查询结果。单击主窗口工具栏上的"视图"按钮，可在数据表视图下浏览查询结果。如图 5.59 所示。

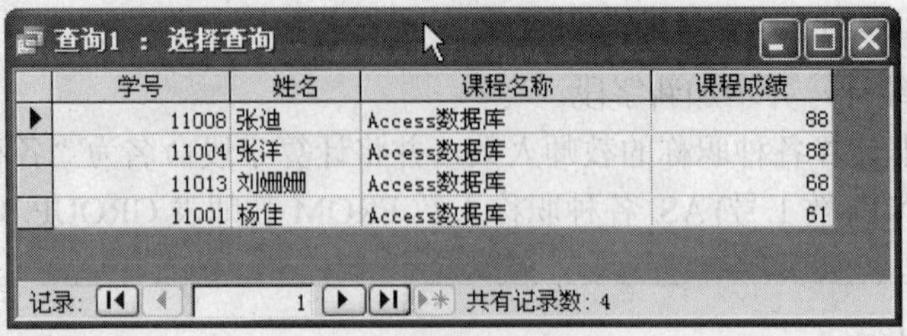

查询1 : 选择查询				
学号	姓名	课程名称	课程成绩
11008	张迪	Access数据库	88
11004	张洋	Access数据库	88
11013	刘姗姗	Access数据库	68
11001	杨佳	Access数据库	61

记录: |◄ ◄ 1 ► ►| ►* 共有记录数: 4

图 5.59　SQL 查询结果

5.7　编辑和修改查询

查询创建完成后，如果需要修改，可以在查询设计视图中修改查询。

1. 运行已创建的查询

在创建查询时，我们可以通过工具栏上的"运行"按钮 **!** 和"视图"按钮 来查看结果。

创建查询后，可以通过以下两种方法实现：

（1）在"数据库"窗口，单击"查询"对象，选中要运行的查询，然后单击"打开"按钮 。

（2）在"数据库"窗口，单击"查询"对象，然后双击要运行的查询。

2. 编辑字段

编辑字段包括添加、删除、移动或更改字段名。

（1）添加字段。

把表中的字段添加到设计网格中，除了使用双击表中字段的方法外，还可以使用拖曳的方法。即选中表中的字段后，按住鼠标左键不松手，拖曳字段到设计网格的列中。选取多个字段的方法：按住 Ctrl 键不放开，同时单击所要选择的各个字段，则可以选中多个不连续的字段。若要选取连续的多个字段，先单击第一个字段，按住 Shift 键不放开，然后再单击最后一个字段。

> **温馨小贴士**
>
> 如果把一个表的多个字段添加到设计网格中，首先选中所需要的多个字段，然后采用拖曳方法，一次可以把多个字段添加到设计网格中。如果把一个表的所有字段添加到设计网格中，双击表中的"*"号。

（2）删除字段。

若想把添加到设计网格中的字段删除掉，操作步骤如下：

在查询设计网格中，单击要删字段所在列，按 Delete 键，删除字段。或单击"编辑"菜单中"删除命令"。单击工具栏上的"保存"按钮，保存所做的修改。

（3）移动字段。

如果需要调整某字段列的位置，只要选中了段列，然后把它拖曳到相应位置处，放开鼠标即可。

（4）插入字段。

如果需要在某个字段列（例如第 2 列）前插入字段，首先选中要插入的字段，然后把该字段拖曳到要插入的（第 2 个）字段列处，即插入的字段列放置在第 2 列的位置处，原来位置处的字段则依次向后移动一列。

3. 编辑查询中的数据源

在已建查询设计窗口上半部分，每个表或查询的"字段列表"中，列出了可以添加到设计网格的所有字段。如果需要添加所需字段或删除字段可以按下列步骤操作。

（1）添加表或查询。

操作步骤如下：

使用查询设计视图打开要修改的查询。

单击显示表按钮 🖳，如果要添加表，则单击"表"选项卡，然后双击要添加的表。如果要添加查询，则单击"查询"选项卡，然后双击要添加的查询。

单击关闭按钮，关闭"显示表"对话框。

（2）删除表或查询。

删除表或查询跟添加的操作相似，使用查询设计视图打开要修改的查询，单击要删除的表或查询，单击编辑菜单的"删除"命令或按 del 键。删除作为数据源的表或查询，设计网格中相关字段也会在查询设计视图中删除。

4. 排序查询的结果

在建立查询时，还可以根据需要，设置按某个字段排序显示。操作方法是单击需要排序字段设计网格中的下拉列表框，从中选择"升序"或"降序"，如图 5.60 所示。

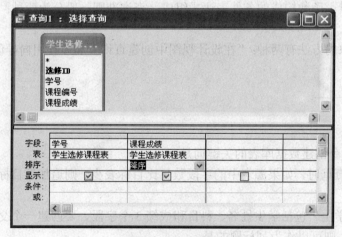

图 5.60　排序设置

5.8　总　结　提　高

查询是 Access 数据库的一个重要对象。查询是数据处理和数据分析的工具，是在指定的（一个或多个）表中根据给定的条件从中筛选所需要的信息，供用户查看、更改和分析。在

Access 中，根据对数据源操作方式和操作结果的不同，查询分为 5 种：选择查询、参数查询、交叉表查询、操作查询和 SQL 查询。

（1）选择查询。选择查询是最常用的、也是最基本的查询类型，它从一个或多个表中检索数据，并且在可以更新记录（有一些限制条件）的数据表中显示结果。也可以使用选择查询来对记录进行分组，并且对记录作总计、计数、平均值以及其他类型的总和计算。

（2）参数查询。执行参数查询时显示对话框以提示用户输入信息，例如检索要插入到字段中的记录或值。可以设计参数查询来提示更多的内容。例如，设计它来提示输入两个日期，然后 Access 检索在这两个日期之间的所有记录。将参数查询作为窗体、报表和数据访问页的基础也很方便。

（3）交叉表查询。使用交叉表查询可以计算并重新组织数据的结构，这样可以更加方便地分析数据。交叉表查询计算数据的总计、平均值、计数或其他类型的总和，这种数据可分为两组信息：一类在数据表左侧排列，另一类在数据表顶端排列。

（4）操作查询。使用这种查询只需进行一次操作就可对许多记录进行更改和移动。有 4 种操作查询方式。

① 生成表查询：生成表查询利用一个或多个表的全部或部分数据创建新表。

② 删除查询：删除查询可以从一个或多个表中删除记录。

③ 更新查询：更新查询可对一个或多个表中的一组记录进行全部更改。

④ 追加查询：追加查询可将一个或多个表中的一组记录追加到一个或多个表的末尾。

（5）SQL 查询。SQL 查询是用户使用 SQL 语句的表达式，可以包含子句创建的查询，也可以用结构化查询语言（SQL）来查询、更新和管理 Access 的关系数据库。

查询准则是数据库管理系统制定的描述用户查询要求的规则。它由数据库定义的运算符、常数值、字段变量、函数构成的条件表达式组成。查询准则一般分为两种：简单准则和复杂准则。

创建查询对象的方法有两种："在设计视图中创建查询"和"使用向导创建查询"。

思考与练习 ?

一、填空题

1. 用 SQL 命令创建数据库表的关键词是_____。

2. 使用追加查询时，如果源表中的字段数目比目标表少，则追加后目标表中未指定的字段的值为_____。

3. 数据表"学生"包括学生姓名、科目和成绩 3 个字段，要创建一个交叉表查询汇总每名学生的总成绩，则可以作为列标题的是_____。

4. 与表达式 x BETWEEN 10 AND 20 等价的是_____。

5. 在创建参数查询时，条件框中必须包括_____。

6. 在 Access 表达式中，表示任意一个数字的通配符是_____。

7. 运行查询时，希望根据用户输入的内容进行交互查询，那么这种查询属于_____。

8. 表达式 15/2+15mod2 的结果是_____。

9. 在数据类型中，保留 7 位小数，固定占 4 个字节的是_____。

10. SQL 语句 "SELECT 姓名，性别，AVG（成绩）FROM 学生表" 对应的关系操作是 _____。

二、选择题

1. 表达式 "张明" IN（"张明明"、"张军"）的返回值是（　　）。

A. 1　　　　　　　　B. 0　　　　　　　　C. True　　　　　　　D. False

2. 以下查询表达式中，日期表示正确的是（　　）。

A.（89-11-12）　　　　　　　　　　B. #89-11-12#

C. <89-11-12>　　　　　　　　　　D. &89-11-12&

3. 关于查询的说法，以下不正确的是（　　）。

A. 查询的主要目的是用来检索符合指定条件的数据的对象

B. 查询的结果是一个动态的数据记录集，以二维表的形式显示，但不是基本表

C. 改变表中的数据时，查询中的数据不会随之发生改变

D. 查询可以作为窗体、报表和数据访问页的数据源

4. 在 Access 中，预定义的命名常数中不包括（　　）。

A. no　　　　　B. false　　　　　C. in　　　　　D. Null

5. 查询设计视图中，设置完查询条件之后，要查看查询的结果，以下操作错误的是（　　）。

A. 执行菜单 "查询" / "运行" 命令

B. 执行菜单 "视图" / "数据表视图"

C. 右击空白处，在快捷菜单中选择 "数据表视图"

D. 按快捷键 F12

6. 关于 Access 数据库的查询，以下说法正确的是（　　）。

A. 查询将根据条件生成一个新表，其扩展名为.mdb

B. 查询将生成一个查询文件，该未见指向原数据表

C. 查询只生成一个虚表，不能作为窗体、报表的数据源

D. 查询只生成一个虚表，可以作为窗体、报表和数据访问页的数据来源

7. 下面（　　）不是 Access 中的准则运算符。

A. 关系运算符　　B. 逻辑运算符　　　　C. 算术运算符　　　　D. 特殊运算符

8. Access 数据库中的 SQL 查询中的 GROUP BY 语句用于（　　）。

A. 分组条件　　B. 对查询进行排序　　C. 列表　　　　　　D. 选择行条件

9. 将 Access 某数据库中 "C 语言" 课程不及格的学生从 "学生" 表中删除，要用（　　）查询。

A. 追加查询　　　B. 生成表查询　　　C. 更新查询　　　　D. 删除查询

10. 已知一个 Access 数据库，其中含有系别、男、女等字段，若要统计每个系男女教师的人数，则应使用（　　）查询。

A. 选择查询　　B. 操作查询　　　C. 参数查询　　　D. 交叉表查询

11. 在 Access 2003 中，在 "查询" 特殊运算符 Like 中，其中可以用来通配任何单个字符的通配符是（　　）。

A. *　　　　　　　B. !　　　　　　　C. &　　　　　　　D. ?

三、简答题

1. 在"新建查询"对话框中，提供了哪些创建查询的方法？

2. 什么是查询？查询分类有哪几种？

3. 什么是 SQL 查询？SQL 查询主要分为哪几类？

4. 什么是操作查询？操作查询包括哪几种？

5. 使用追加查询时，要注意哪些问题？

6. Access 提供了哪些用来创建表达式的操作符？

四、技能训练

假设数据库文件"学生管理.mdb"里面包含 3 个关联表对象"学生表""课程表""成绩表"和一个空表"Temp"。试按以下要求完成查询设计：

（1）创建一个选择查询，查找并显示简历信息为空的学生的"学号""姓名""性别"和"年龄"四个字段内容，所建查询命名为"qT1"；

（2）创建一个选择查询，查找选课学生的"姓名""课程名"和"成绩"3 个字段内容，所建查询命名为"qT2"；

（3）创建一个选择查询，按系别统计各自男女学生的平均年龄，显示字段标题为"所属院系""性别"和"平均年龄"，所建查询命名为"qT3"；

（4）创建一个操作查询，将表对象"学生表"中没有书法爱好的学生的"学号""姓名"和"年龄"三个字段内容追加到目标表"tTemp"的对应字段内，所建查询命名为"qT4"。

思考与习题答案：

一、填空

1. Create Table 2. 空值 3. 科目 4. x>=10 and x <=20 5. [ ]

6. # 7. 参数查询 8. 8 9. 单精度型 10. 投影

二、选择

1. D 2. B 3. C 4. D 5. D 6. C 7. A 8. D 9. B 10. D 11. A

三、简答

1. ① 设计视图。

② 简单查询向导。

③ 交叉表查询向导。

④ 查找不匹配项查询向导。

⑤ 查找重复项向导。

2. 查询是数据库提供的一组功能强大的数据管理工具，用于对表中的数据进行查找、统计、计算、排序、修改等。查询分为 5 类：选择查询、参数查询、交叉表查询、操作查询、SQL 查询。

3. SQL 查询是直接运用 SQL 语言执行查询任务的一种查询。

SQL 查询包括联合查询、传递查询、数据定义查询和子查询 4 种类型。

4. 操作查询主要用于更新源表中的数据，如删除记录、修改数据等。

操作查询包括生成表查询、更新查询、追加查询、删除查询。

5. ① 当源表和目标表中的字段名称不相同时，依然可以追加数据，只要这两个字段的数据类型一致，而不管字段名是否相同。

② 在全字段追加情况下，如果源表中的字段数目比目标表少，则追加后目标中未指定字段的值为空值。

③ 全字段追加情况下，如果源表中的字段数目比目标表多，则多余的字段会忽略。

6.（1）算术操作符及含义。

（2）赋值和关系运算操作符。

（3）逻辑操作符。

（4）连接操作符。

（5）标识符操作符。

（6）特殊操作符。

第6章 创建与使用窗体对象
Chapter 6

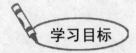

学习目标

1. 了解窗体的类型及作用
2. 了解控件的种类与功能
3. 掌握使用向导创建窗体
4. 掌握使用设计器创建窗体
5. 学会美化窗体

　　窗体作为人机交互的主要界面，是 Access 所具有的重要对象。事实上，在用 Access 开发的应用系统中，几乎所有的操作，包括数据的输入、修改和输出，以及应用程序的控制与驱动等，都是在所创建的各种窗体中进行的。因此，窗体设计的好坏将直接影响应用程序的可操作性与用户友好性。本章将介绍窗体的概念和作用、窗体的类型和视图，并通过实例介绍窗体的创建与设计方法。

6.1　认　识　窗　体

6.1.1　窗体的概念和作用

　　窗体是用于在数据库中输入和显示数据的数据库对象，是人机交互的接口。它通过计算机屏幕窗口将数据库中的表或查询中的数据显示给用户，并将用户输入的数据传递到数据库。

　　窗体是用户对数据库进行操作的界面。用户可以通过窗体对数据库中的数据进行管理和维护，通过窗体检索数据库得到有用信息。窗体本身并不存储数据，其数据来源于数据库表和查询中某些指定的字段。使用窗体可以使数据库中数据的输入、查看和维护操作表变得更加直观和方便，同时也有助于提高数据的准确性、安全性与可靠性。

　　窗体中通常包含各种图形化的控件对象，如文本框、列表框、选项组按钮、复选框和命令按钮等，通过这些控件可以更好地进行人机交互、方便选取操作对象或执行所需的功能。窗体还可以作为应用程序的控制界面，将整个应用系统的各个对象有机的组织起来，从而形成一个实用的完整体系。

　　窗体主要有以下功能：

1. 显示和编辑数据库中的数据

使用窗体可以更方便、更友好的显示和编辑数据库中的数据。

2. 显示提示信息

使用窗体可以显示一些解释或警告信息，以便及时告诉用户即将发生的事情。例如：用户要删除一条记录，可显示一个提示对话框要求用户进行确认。

3. 控制程序运行

通过窗体可以将数据库的其他对象连接起来，并控制这些对象进行工作。例如：可以在窗体上创建一个命令按钮，通过单击命令按钮打开一个查询、报表或表对象等。

4. 打印数据

在 Access 中，可将窗体对象中的信息打印出来，供用户使用。

6.1.2　窗体的类型

1. 按窗体显示数据的方式分类

按窗体显示数据的方式，可以分为纵栏式窗体、表格式窗体、主/子式窗体、数据表窗体、图表窗体、数据透视表窗体、数据透视图窗体。下面介绍几种常用的窗体：

（1）纵栏式窗体。

纵栏式窗体可通过窗口完整查看并维护表或查询中的所有字段和记录，一般用于输入数据库中的数据。作为用户输入信息的界面，它能提高输入效率、保证数据安全输入。

纵栏式窗体的特点：

① 创建非常简单，在数据库窗口打开单个表或查询对象时，单击主窗口工具栏上的"自动窗体"按钮 ，即可创建如图 6.1 所示窗体。

② 基于单个表或查询创建。

③ 每个界面一次只显示一条记录，这与每次可以显示很多条记录的窗体界面不同。纵栏式窗体在显示表中记录时，每行只显示一个字段，左边是字段名，右边是字段值。如图 6.1 所示。

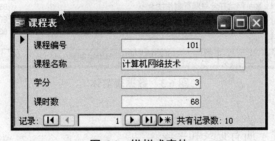

图 6.1　纵栏式窗体

（2）表格式窗体。

表格式窗体通过窗口如同表格一样，一次显示表或查询中所有的字段和记录，可用于显示数据或输入数据，可作为显示或输入多条记录数据的界面。

表格式窗体的特点：

① 每行显示一条记录的所有字段值，字段名显示在窗体的顶端，如图 6.2 所示。

② 基于单个表或查询创建。

③ 创建方式简单，可自动创建。

图 6.2　表格式窗体

（3）数据表窗体。

数据表窗体通过窗口以行与列的格式显示每条记录的字段值，每条记录显示为一行，每个字段显示为一列，字段名显示在每一列的顶端，与数据表视图中显示的表样式相同，故称数据表窗体，如图 6.3 所示。一般作为显示表或查询表中所有记录数据的界面。

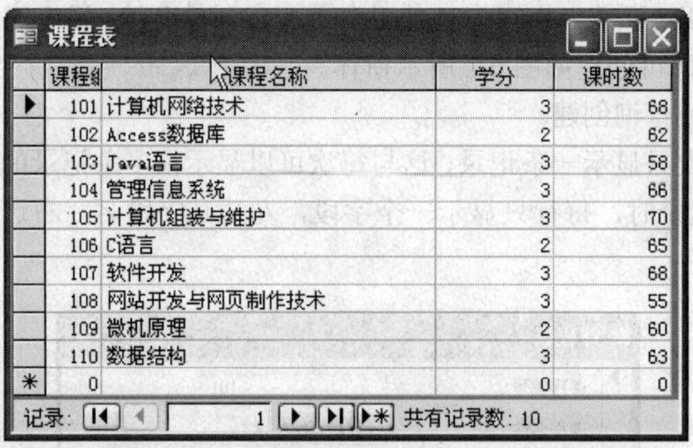

图 6.3　数据表窗体

数据表窗体的特点：

① 以数据表样式显示所有记录和字段。

② 基于单个表或查询创建。

③ 创建方式简单，可自动创建。

（4）主/子式窗体。

主/子式窗体也称为阶层式窗体、主窗体/细节窗体或父窗体/子窗体。主/子式窗体由两个窗体构成。主要特点是可以将一个窗体插入到另一窗体中。插入窗体的窗体称为主窗体，插入的窗体称为子窗体，如图 6.4 所示。

主/子式窗体一般用于显示具有一对多关系的表或查询中的数据。主窗体用来显示"一"方的数据，子窗体用来显示"多"方的数据。例如，可以创建一个带有子窗体的主窗体，用

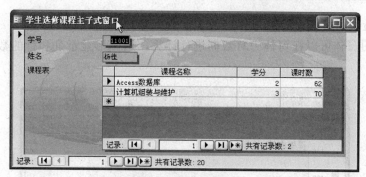

图 6.4　主/子式窗体

于显示"学生表"和"课程表"中的数据。"学生表"是一对多关系中的"一"方,"课程表"是"多"方,因为每个学生可以选修多门课程。

在主/子窗体中,主窗体和子窗体彼此链接,子窗体只显示与主窗体当前记录相关的记录。例如当主窗体显示"11001"学号时,子窗体只显示学号为"11001"的学生的课程名称、学分等信息。主/子式窗体集合了纵栏式窗体和数据表窗体的优点。

（5）图表窗体。

图表窗体是显示图表信息的窗体,如图 6.5 所示。Access 提供了多种图表,包括折线图、柱形图、饼图、圆环图、面积图、三维条形图等。

图表窗体具有图形直观的特点,可形象说明数据的对比、变化趋势。

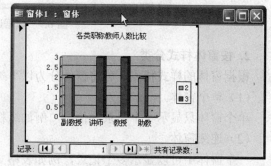

图 6.5　图表窗体

（6）数据透视表窗体。

数据透视表窗体可以在窗体中对数据进行计算,窗体按列和行显示数据,并可按行和列总计数据。如图 6.6 所示,可以将字段值作为行和列的标题,在每个行标题和列标题的交叉点显示数据值,计算小计和总计。

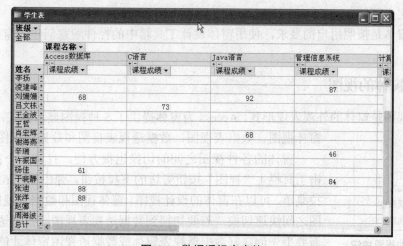

图 6.6　数据透视表窗体

（7）数据透视图窗体。

数据透视图窗体可以在窗体中对数据进行计算，用图形显示列和行的数据与总计，如图 6.7 所示。

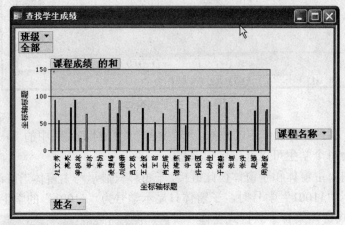

图 6.7　数据透视图窗体

2. 按窗体样式分类

根据窗体的样式特点，可将窗体分为以下类型。

（1）单个窗体。

单个窗体只显示一个记录的信息，例如纵栏式窗体。

（2）连续窗体。

一个窗体中可以显示多个记录，例如表格式窗体。通过窗体的"默认视图"属性可以定义窗体是单个窗体还是连续窗体。

（3）弹出式窗体。

弹出式窗体总是位于其他窗体之上。弹出式窗体可以分为两种：非独占式和独占式。非独占弹出式窗体打开后可以访问其他数据库对象；独占弹出式窗体打开后不能访问其他数据库对象。通过窗体的"弹出方式"属性可以定义窗体是否为弹出式窗体。

（4）自定义窗体。

自定义窗体是按照用户的要求，使用窗体设计工具箱中的控件随意创建的窗体，没有固定的形式。

6.1.3　窗体的视图

窗体的视图是窗体的外观表现形式。Access 为窗体提供了 5 种视图显示方式：设计视图、窗体视图、数据表视图、数据透视表视图和数据透视图视图。

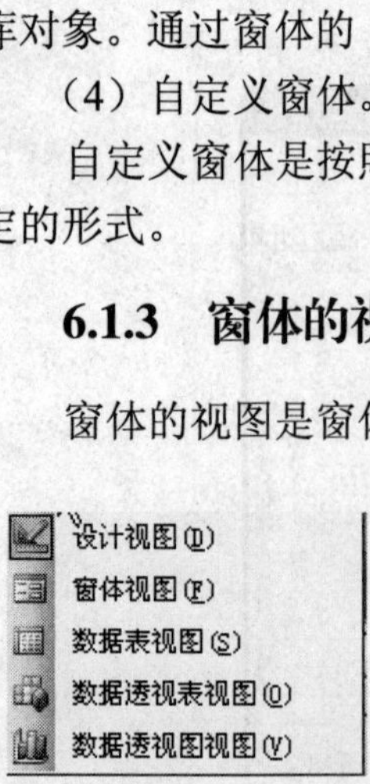

窗体的各种视图之间的切换也很方便，打开某个窗体后，单击工具栏上"视图"按钮旁边的下拉按钮，弹出如图 6.8 所示的下拉菜单，可以在窗体的设计视图、窗体视图和数据表视图这 3 种视图之间快速切换。若要切换到数据透视表视图或数据透视图视图，需要事先创建好数据透视表窗体或数据透视图窗体才能切换。

图 6.8　窗体的视图按钮

1. 设计视图

窗体的设计视图与表、查询等的设计视图窗口的功能相同，也是用来创建和修改设计对象（窗体）的窗口，但其形式与表、查询等的设计视图差别很大。用户虽然可以通过向导等其他途径来创建窗体，但要想对窗体作进一步的修改或润色就需要在窗体的设计视图中来完成。窗体的设计视图由主窗口、工作区和工具箱构成，如图 6.9 所示。

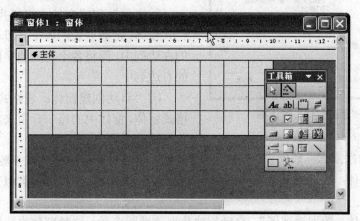

图 6.9　窗体设计视图

2. 窗体视图

窗体视图是设计完后用户最后看到的操作界面，用户可以在设计过程中从设计视图切换到窗体视图来查看窗体设计效果。图 6.2 就是典型的窗体视图。在窗体视图中，用户能够输入、修改和查看完整的数据记录，也可以显示图片、其他 OLE 对象、命令按钮以及其他控件，但窗体视图不能对控件进行编辑和修改。

3. 数据表视图

窗体的数据表视图在外观上和表的数据表视图相同，如图 6.4 所示。在该视图中也可以对数据进行添加、删除、查看和修改操作，该视图只适用于同时观察多条记录的情况。

4. 数据透视表视图

数据透视表是一个交互式数据表格，常用于汇总并分析数据表或窗体中的数据，并可根据需要，显示或隐藏特定区域中的细节。

5. 数据透视图视图

数据透视图可以以图表的形式直观地显示数据之间的差别，一般用来对同类数据进行分析比较。

6.1.4　创建窗体的方法

Access 提供了多种创建窗体的方法，可以利用"自动窗体"功能快速地创建简单的窗体，也可以在"窗体向导"引导下快速创建窗体，还可以使用设计视图来灵活地创建具有个性的或较为复杂的窗体。

在数据库窗口中，单击"窗体"对象，再单击"新建"按钮，将出现图 6.10 所示的"新建窗体"对话框。该对话框列出了创建窗体的 9 种方法。在该窗口下方的下拉列表框中则可以指定作为窗体数据源的表或查询。

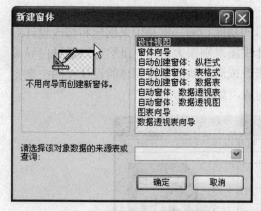

图 6.10 "新建窗体"对话框

Access 提供的新建窗体方法简述如下：

①"设计视图"：使用窗体设计视图建立窗体。

②"窗体向导"：使用基本窗体向导建立窗体。

③"自动创建窗体：纵栏式"：自动创建纵栏式窗体，将数据表的各个字段名称显示在窗体的左边列中，而将各个对应的字段值显示在窗体的右边列中。

④"自动创建窗体：表格式"：自动创建表格式窗体，窗体中的每一行用来显示数据表中一条记录的内容。

⑤"自动创建窗体：数据表"：自动创建数据表窗体，这种窗体类似于数据表视图。

⑥"自动窗体：数据透视表"：自动创建数据透视表窗体，这种窗体类似于数据交叉表视图。

⑦"自动窗体：数据透视图"：自动创建数据透视图窗体，这种窗体将数据透视表以一组柱形图的方式显示出来。

⑧"图表向导"：使用向导创建一个来源于表中数据的图表窗体。

⑨"数据透视表向导"：使用向导创建一个包含数据透视表的窗体。

上述各种创建窗体的方法可以归结为两大类，一类是使用向导创建窗体，另一类是在设计视图中创建。

6.2 通过自动方式创建窗体

Access 提供的"自动窗体"功能是创建数据操作类窗体的一种最迅速、最简单的方式，这种方式在选定窗体数据源之后，跳过了选择字段、布局和样式等步骤，在牺牲可选择性的基础上，使窗体创建工作一步到位。

通常情况下，可以有两种途径来自动创建窗体，一种是在数据库窗口的"表"对象下使用"自动窗体"命令，另一种是在数据库窗口的"窗体"对象下使用"自动创建窗体"向导。当然，无论哪一种途径创建的自动窗体，都可以在设计视图中进行进一步的修改和完善。

6.2.1 自动窗体

自动窗体工具可以根据一个确定的表或查询自动生成一个纵栏式窗体，方法最简单，只要两步操作。

【操作实例 1】以"学生表"为数据源，使用"自动窗体"命令快速创建一个可以浏览和修改每一位学生记录的窗体。

（1）单击数据库窗口的"表"对象，在右侧列表中选定"学生表"。

（2）选择"插入"菜单下的"自动窗体"命令，或者单击主窗口工具栏上"自动窗体"按钮 。

（3）系统将自动快速地生成名为"学生表"的窗体，并加以保存。该窗体包含了表中的每一个字段数据，结果如图 6.11 所示。

6.2.2　使用"自动创建窗体"向导

利用 Access 的"自动创建窗体"向导，可以创建"纵栏式""表格式""数据表"等几种窗体，各种窗体只是显示记录的形式不同，其创建步骤是类似的。

【操作实例 2】以"课程表"为数据源，使用"自动创建窗体"向导快速创建一个表格式的窗体。操作步骤如下：

（1）在数据库窗口的"窗体"对象下，单击"新建"按钮，在弹出的"新建窗体"对话框

图 6.11　自动窗体示例

中选择"自动创建窗体：表格式"选项。

（2）在"新建窗体"对话框下方的"请选择该对象的数据来源表或查询"下拉列表中选择"课程表"。如图 6.12 所示。

（3）单击"确定"按钮，关闭"新建窗体"对话框。此时系统将快速自动地生成名为"课程表"的表格式窗体，并加以保存。其结果如图 6.13 所示。

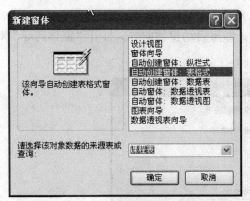

图 6.12　"新建窗体"对话框

图 6.13　自动创建的表格式窗体

6.3 通过向导创建窗体

窗体中的数据源可以来自一个表或查询，也可以来自多个表或查询。创建基于一个表或查询的窗体最简单的方法是使用自动创建窗体的方式。创建基于多个表或查询的窗体最简单的方法是使用窗体向导。

本节介绍如何使用向导创建基于多个表或查询的窗体以及图表窗体、数据透视表窗体、数据透视图窗体。

6.3.1 基于多个表或查询的主/子式窗体

【操作实例 3】通过窗体向导创建基于"学生表""课程表"两个表的名称为"学生选修课程主子式窗口"的主/子式窗体对象，该窗体用来输入、显示学生选修的课程信息。

（1）启动窗体向导。

① 启动 Access 数据库打开"教学管理"数据库。

② 在数据库窗口"对象"栏中选中"窗体"对象。

③ 在"使用向导创建窗体"创建方法上双击，即可启动窗体向导，打开"窗体向导"对话框，如图 6.14 所示。

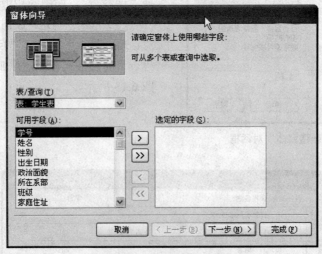

图 6.14　窗体向导对话框

（2）回答向导提问。

在下面连续提问的向导对话框中回答向导提出的问题。

① 确定窗体上使用哪些字段。

➢ 在"表/查询"下拉列表中选择"学生表"。

➢ 在"可用字段"列表框选择字段"学号"，单击">"按钮，将"学号"字段添加到"选定的字段"框。同样添加"姓名"到"选定的字段"框。

➢ 返回"表/查询"下拉列表中选择"课程表"，选择表中的"课程名称""课时数""学分"字段到"选定的字段"框。

从两个表选定的窗体使用的字段如图 6.15 所示，然后单击"下一步"按钮。

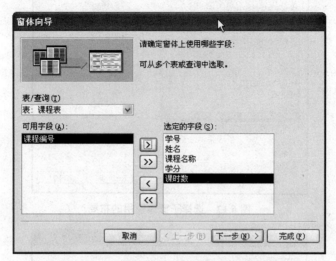

图 6.15　从多个表中选择窗体使用的字段

② 确定窗体上查看数据的方式。

➢ 在向导对话框的"请确定查看数据的方式"栏中选择"通过学生表"方式。

➢ 选中"带有子窗体的窗体"选项，如图 6.16 所示。然后单击"下一步"按钮。

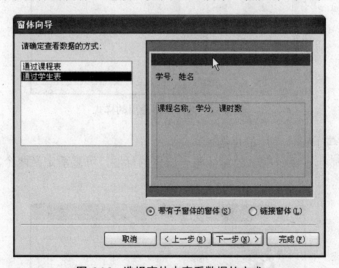

图 6.16　选择窗体中查看数据的方式

③ 确定子窗体使用的布局。

在向导对话框的选项组中列出了四种子窗体的布局供用户选择。

选择"数据表"选项，如图 6.17 所示。然后单击"下一步"按钮。

④ 确定窗体使用的样式。

对话框中提供了多种系统设置好的窗体样式，用户可以按自己的喜好进行选择。

选择"国际"选项，其样式可在左边框中浏览，如图 6.18 所示。然后单击"下一步"按钮。

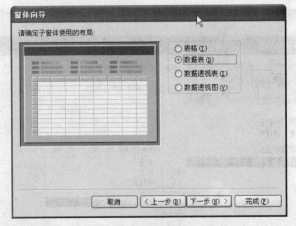

图 6.17　选择子窗体使用的布局

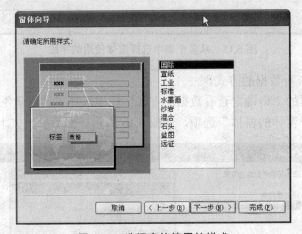

图 6.18　选择窗体使用的样式

⑤　确定窗体与子窗体使用的标题。

➤　对话框中显示了系统默认的窗体与子窗体的标题，可重新定义两个窗体的名称，如图
6.19 所示。

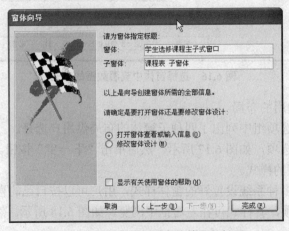

图 6.19　选择窗体与子窗体使用的标题

➢ 单击"完成"按钮,结束向导提问。

(3)自动创建窗体。

"窗体向导"在得到所有需要的信息后,会自动创建主/子式窗体,可在窗体视图中看到创建的窗体,如图 6.20 所示。至此,创建主/子式窗体的任务就完成了。

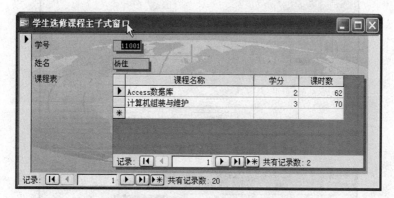

图 6.20　通过向导创建的主/子式窗体

归纳分析:

(1)主/子式窗体可以按每个学生分别显示其选修的课程数据。

(2)每个窗体界面只显示一个学生选修的所有课程,并可以直接修改或输入表中的数据。

(3)通过最下方的记录选择器,可以选择另一学生记录。

(4)向导创建主/子式窗体时,同时创建了两个窗体对象,一个是"学生选修课程主子式窗口",另一个是"课程表 子窗体"对象。

(5)如果向导创建的窗体不够理想,可以单击工具栏上的"设计"按钮 设计⑩,切换到窗体设计视图中进行修改。

6.3.2　创建图表窗体

【操作实例 4】通过窗体向导创建名称为"各类职称教师人数图表"的图表窗体对象,该窗体使用图形显示不同职称教师人数的对比。

(1)打开"教学管理"数据库,选择"窗体"对象。

(2)单击"新建"按钮,出现"新建窗体"对话框,选择"图表向导",并选择"各类职称教师人数"查询作为数据源。如图 6.21 所示。

(3)单击"确定"按钮,弹出如图 6.22 所示的"图表向导"对话框,在对话框的"可用字段"列表选择需要的字段,单击">"按钮将"职称"和"姓名之计数"两个字段添加到"用于图表的字段"列表中;单击"下一步"按钮。

(4)在打开的"图表向导"对话框之二中选择图表的类型为柱形图,如图 6.23 所示。单击"下一步"按钮。

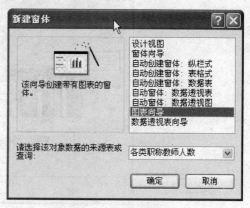

图 6.21　启动图表向导

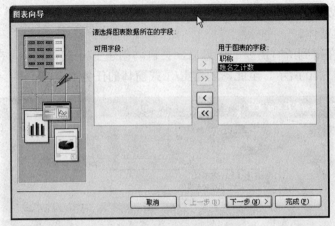

图 6.22　选择图表中的字段

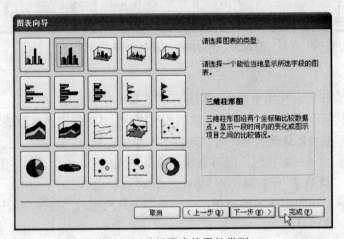

图 6.23　选择图表使用的类型

　　（5）在打开的"图表向导"对话框之三中设置图表的布局方式，将"职称"字段拖放到"轴"上，将"姓名之计数"字段拖放到"系列"上，双击"求和姓名之计数"，在打开的"汇总"对话框中选择"总计"项，单击"确定"。如图 6.24 所示。单击"下一步"按钮。

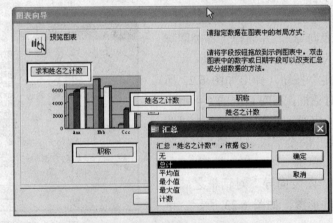

图 6.24　数据在图表中的布局方式

（6）在打开的"图表向导"对话框之四中输入图表的标题为"各类职称教师人数比较"，如图 6.25 所示。单击"完成"按钮，显示如图 6.26 所示的图表窗体。

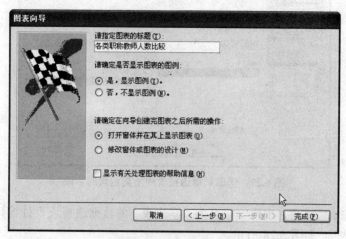

图 6.25 输入图表标题

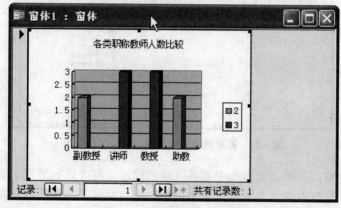

图 6.26 通过向导创建的图表

6.3.3 数据透视表窗体

数据透视表是一种能用所选定的格式和计算方法汇总大量数据的动态交互式表格。通过数据透视表，用户可以方便地选择所要查看的数据、随时更改窗体中的表格布局，以及以不同的方式对照和分析数据。

【操作实例 5】创建一个数据透视表窗体，用以动态显示每名学生的各科成绩。

（1）在"教学管理"数据库中选择"窗体"对象，然后单击该窗口工具栏上的"新建"按钮，打开"新建窗体"对话框。

（2）在"新建窗体"对话框中，选择"数据透视表向导"，单击"确定"按钮，在弹出的第一个对话框中阅读提示信息后，单击"下一步"按钮。

（3）在弹出的第二个对话框中，选取数据透视表中所需包含的字段。本例选取"学生表"中的"姓名"和"班级"字段，然后选取"课程表"的"课程名称"字段，以及"学生选修课程表"中的"课程成绩"字段，如图 6.27 所示。

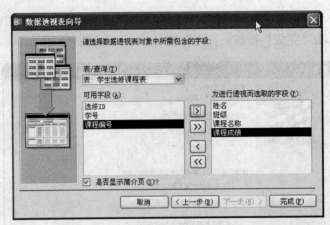

图 6.27 选取数据透视表中所需包含的字段

（4）单击"完成"按钮，出现一个名为"学生表"的数据透视表设计窗口，以及一个"数据透视表字段列表"。如图 6.28 所示。

图 6.28 数据透视表设计窗口以及字段列表

（5）根据设计窗口左端、上方和中部各区域的提示，将"数据透视表字段列表"中的各个字段拖放到设计窗口中的各个区域。在本例中，将"姓名"字段拖放到左端的"行字段"区域；将"班级"字段拖放到上方的"筛选字段"区域；将"课程名称"字段拖放到上方的"列字段"区域；再将"课程成绩"字段拖放到中部的"明细字段"区域。至此，便会形成一个具有图 6.29 所示效果的数据透视表窗体。

图 6.29 创建完成的数据透视表窗体

（6）保存窗体为"学生各科成绩透视表"。可以查看数据透视表的动态运行结果：数据表中的各个字段名都是一个下拉列表，例如可在"班级"下拉列表中筛选要显示的班级，可在"课程名称"下拉列表中筛选要显示的课程。另外，用户还可以用不同方式重新安排各个字段的位置，获得不同的数据汇总和显示效果。

6.4　在设计视图中创建窗体

利用自动方式与窗体向导虽然可以方便地创建窗体，但向导只能创建显示表或查询数据的窗体。对于窗体的其他功能，例如，通过窗体显示提示信息、添加各种说明信息、在窗体中添加各种功能按钮、查询表中数据、打开与关闭窗体等，要用设计器来实现。

本节介绍如何通过窗体设计视图自行创建窗体。

6.4.1　认识窗体设计视图

使用设计器创建窗体，先要打开窗体设计视图，了解窗体设计视图的界面。

1. 打开窗体设计视图的方式

打开窗体设计视图的方式与打开表和查询对象设计视图的方式类似。

（1）启动 Access 数据库打开"教学管理"数据库。

（2）在数据库窗口"对象"栏中选中"窗体"对象。

（3）在"在设计视图中创建窗体"创建方法上双击，即可打开窗体设计视图，如图 6.30 所示。

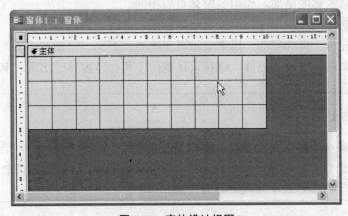

图 6.30　窗体设计视图

窗体设计视图中有很多的网格线，还有标尺。网格和标尺都是为了在窗体中放置各种控件时定位用的。如果不希望它们出现，可右击窗体设计视图中的窗体标题，在弹出的快捷菜单中选择"标尺"或"网格"选项，它们就会消失。

2. 窗体的组成及节的功能

（1）窗体的 5 个组成部分。

在窗体设计视图中右击，在弹出的快捷菜单中分别选择"页面页眉/页脚"和"窗体页眉/页脚"，会显示窗体的 5 个部分，如图 6.31 所示。每个部分成为节，代表着窗体中不同的区

域。每一节中可以显示不同的控件，如标签、文本框等。窗体可以只包含主体节，如图 6.30 所示。可根据需要使窗体包含其他节。

图 6.31　窗体结构

（2）窗体各节的功能。

主体：是窗体的主要组成部分，用来显示窗体数据源中的记录。可以在主体上显示一条记录，也可以显示多条记录。主体上也可以放置其他控件，如按钮等。

窗体页眉：是窗体的首部，用来显示窗体标题、窗体徽标、命令按钮和说明性文字等用于显示不随记录改变的信息。

窗体页脚：是窗体的尾部，作用与窗体页眉相同。

页面页眉：在每一页的顶部，用来显示列标题、页码、日期等信息。

页面页脚：在每一页的底部，用来显示页面摘要、页码、日期和本页汇总数据等信息。

页面页眉和页面页脚中的控件，仅在设计视图中和打印窗体时出现，其他视图看不到。

温馨小贴士

　　设计视图中各个节的高度和宽度是可以调整的，也可以隐藏除"主体"节之外的某个节，或者为某个节设置背景色或背景图片。另外，可以在窗体的"属性"窗口中设置某个节的属性，以实现对该节内容的显示方式进行自定义。

6.4.2　认识窗体中使用的控件

窗体只是提供了一个窗口框架，其功能要通过窗体上放置的各种控件来执行，所以，创建窗体的主要工作是创建控件，它们才是窗体强大功能的主力军，控件与数据库对象结合起来可以构造出功能强大、界面友好、使用方便的可视化窗体。

1. 工具箱

工具箱是提供窗体常用控件的工具，在打开窗体设计视图时，会同时打开一个窗体设计工具箱，如图 6.32 所示。

图 6.32 窗体设计工具箱

如果在窗体设计视图中未显示工具箱，可单击工具栏的“工具箱”按钮，如果不希望工具箱出现在设计窗口，可单击按钮，工具箱即可关闭隐藏起来。

2. 工具箱的移动和控件的锁定

如果要移动工具箱，可用鼠标指向工具栏标题栏，按住鼠标左键将工具栏拖到目标位置。

如果要重复使用工具箱的某个控件，可双击该控件将其锁定。按 ESC 键或再次单击控件可释放该控件。

3. 常用控件的功能

在设计视图中创建窗体时，使用最多的就是“工具箱”中的各种控件按钮，单击这些按钮可向正在创建的窗体中添加所需的各种控件。Access 的“工具箱”提供了 20 种控件，表 6.1 列出了这些控件的名称及其功能说明。

表 6.1 工具箱中的各种控件名称及其功能

按钮	名 称	功 能
	选择对象	用于选取控件、节或窗体。单击该按钮可以释放锁定的工具箱按钮
	控件向导	用于打开或关闭控件向导，单击该按钮，在创建其他控件，会启动控件向导来创建控件，如组合框、列表框、选项组、命令按钮等控件都可使用向导来创建
	标签	用于显示文字，如窗体的标题、指示文字等。Access 会自动为其他控件附加默认的标签控件
	文本框	用于显示、输入或编辑窗体的基础记录源数据，显示计算结果，或接收用户输入的数据
	选项组	与复选框、选项按钮或切换按钮搭配使用，显示一组可选值
	切换按钮	常作为是/否字段的使用控件，用来接收用户是/否选择的值，或选项组的一部分
	选项按钮	产生一个常见的单选按钮
	复选框	产生一个常见的复选框
	组合框	该控件结合了文本框和列表框的特性，既可以在文本框中直接输入文字，也可以在列表中选择输入的文字，其值会保存在定义的字段变量或内存变量中
	列表框	显示可滚动的数值列表。在窗体视图中，可以从列表中选择值输入数据，或者使用列表提供的值更改现有的数据，但不可以输入列表外的数据值
	命令按钮	用于完成各种操作，如查找记录、打开窗体等
	图像	用于在窗体中显示静态图片。不能在 Access 中编辑

续表

按　钮	名　称	功　能
	非绑定对象框	用于在窗体中显示非结合的 OLE 对象，如 Excel 电子表格。当记录改变时，该对象不变
	绑定对象框	用于在窗体中显示结合的 OLE 对象，如 Excel 电子表格。当记录改变时，该对象会一起变
	分页符	用于在窗体中开始一个新的屏幕，或在打印窗体上开始一个新页
	选项卡	用于创建一个多页的选项卡控件。在选项卡上可以添加其他控件
	子窗体	用来添加一个子窗体或子报表，可用来显示多个表中的数据
	直线	用于显示一条直线，可突出相关的或特别重要的信息
	矩形	显示一个矩形，可添加图形效果，将一些组件框在一起
	其他控件	单击该按钮将弹出一个列表，可以从中选择其他控件

6.4.3　窗体和控件的属性

1. 窗体的属性

窗体有许多属性，这些属性影响窗体的外观和性能。添加到窗体中的每一个控件对象，以及窗体对象本身都具有各自的一系列属性，包括它们所处的位置、大小、外观、所要表示的数据来源等。在设计视图中创建窗体时，所有对象的各种属性都可以在对应的"属性"对话框中进行设置和修改。

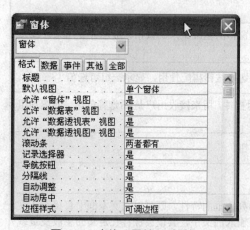

图 6.33　窗体"属性"对话框

在设计视图中，单击"窗体设计"工具栏上的"属性"按钮，或者在窗体中单击鼠标右键从快捷菜单中选择"属性"命令，均可打开图 6.33 所示的窗体"属性"对话框。

应该说，在设计视图中创建窗体的大部分工作是在这个"属性"对话框中完成的。"属性"对话框上方的下拉列表是一个含有当前窗体及其所有控件对象名称的列表，可提供设计者在其中选择要设置属性的对象。此外，也可以在窗体中用鼠标单击某个控件对象，则"属性"对话框的这个列表框中就会自动显示出被选中的对象名称，从而便可为该对象设置其各种属性。

窗体的属性分在"格式""数据""事件""其他"和"全部"5 个选项卡上。"全部"选项卡是另 4 个选项卡的汇总。

① "格式"选项卡：用来显示和设置所选对象的布局与外观属性。

② "全部"选项卡：用来显示和设置所选对象的全部数据。

③ "数据"选项卡：用来显示和设置所选对象与数据源、数据操作相关的属性。

④ "事件"选项卡：用来显示和设置所选对象的方法程序与事件过程。

⑤ "其他"选项卡：用来显示和设置与窗体相关的工具栏、菜单、帮助信息等属性。

（1）窗体的格式属性。

窗体的"格式"选项卡中的属性项都与窗体的外观有关。窗体的主要格式属性如下。

① 标题：用来设定窗体的标题。

② 滚动条：用来确定在"窗体"视图中是否显示水平滚动条和垂直滚动条。

③ 记录选定器：用来确定在"窗体"视图中是否显示"记录选定器"。

④ 导航按钮：用来确定在"窗体"视图中是否显示"导航按钮"。

⑤ 分隔线：用来确定在"窗体"视图中是否显示"分隔线"。"分隔线"用于分割不同的节，不是添加的直线。

⑥ 关闭按钮：用来确定在"窗体"视图中是否可用"关闭"按钮。

（2）窗体的数据属性。

窗体的"数据"属性组用来控制窗体的数据来源，限定用户可以对窗体中的数据进行的操作以及在多用户环境中窗体内数据的锁定。窗体的主要数据属性如下。

① 记录源：用来指定窗体的数据源。

② 过滤器：用来确定窗体中数据的筛选条件。

③ 排序依据：用来确定在"窗体"视图中记录的排序依据。

④ 允许筛选、允许编辑、允许删除和允许添加：用来确定是否允许在"窗体"视图中筛选、编辑、删除和添加记录。

⑤ 数据输入：用来确定打开的"窗体"视图是否直接进入添加状态（不显示已有记录）。

2. 控件的属性

控件的属性用于决定控件的结构外观、定义控件在窗体中实现的功能等。每一类控件都有自己的属性项。不同类型的控件其属性项不完全相同。

选定具体控件，单击"属性"按钮（或右击该控件，在打开的快捷菜单中选"属性"项）就打开了该控件的"属性"窗口，如图6.34所示。如果选择多个同类控件，则可以在"属性"窗口为这些控件设置共同的属性。控件的属性也分在"格式""数据""事件""其他"和"全部"5个选项卡上。这里简要介绍重要的属性项。

（1）控件的格式属性。

① 标题：用来设定显示在控件上的文本。

② 格式：用于决定控件的数据在控件内的显示方式。

③ 小数位数：用于指定控件上需要显示的小数位数。这个属性项与格式属性项一起使用。

④ 背景样式：用于设定控件是否透明。

⑤ 特殊效果：用于设定该控件的显示效果。

⑥ 前景色：用于设定控件上文本的颜色。

⑦ 背景色：用于设定控件的背景颜色。

（2）控件的数据属性。

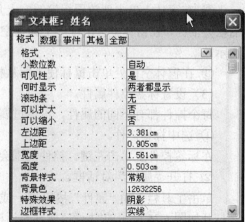

图6.34 控件的"属性"窗口

① 控件来源：用于设置控件绑定到记录源中的字段。

② 可用：用于决定一个控件是否可以获得焦点（即是否可以进入）。是（默认设置）：可以进入，对控件中的文本进行编辑；否：控件将以灰色显示，不能进入对其操作。

③ 是否锁定：用于决定控件内的数据是否可以修改。否（默认设置）：可以修改（在可以进入的前提下）；是：不能修改。

（3）控件的其他属性。

控件提示文本：指定"屏幕显示"中显示的文本。当鼠标指针停留在控件上时将出现"屏幕显示"中显示的文本。

6.4.4　创建自定义窗体

自定义窗体就是自己在窗体中创建控件，设置控件属性，将控件与其他数据库对象结合在一起。

下面将通过创建一个用不同组合方式查询学生成绩信息的自定义窗体"学生成绩查询窗口"，了解创建自定义窗体的方法。

【操作实例 6】创建一个名称为"学生成绩查询窗口"的自定义窗体对象，该窗体能够通过人机交互方式，根据用户输入的查找要求查找并显示不同情况的学生成绩。

（1）创建一个空白窗体。

创建窗体的第一步是创建一个空白的窗体框架，它是放置窗体控件的空间。

① 启动 Access 数据库打开"教学管理"数据库。

② 在数据库窗口"对象"栏选中"窗体"对象。

③ 在"在设计视图创建窗体"创建方法上双击，即可在窗体设计视图中打开一个空白窗体，如图 6.30 所示。通过拖拽窗体右下角可改变窗体面积的大小。

④ 单击工具栏上的"保存"按钮 ，将空白窗体保存为"学生成绩查询窗口"，就完成了创建空白窗体的任务。

（2）在窗体中创建窗口标题的"标签"控件。

标签控件可以在窗体上显示文字信息。

① 在工具栏中单击"标签"按钮 **Aa**。

② 在窗体上单击要放置标签的左上角的位置并按住鼠标左键拖拽以确定标签的大小，然后松开鼠标，在窗体上会出现一个标签空白框，在其中输入文字"学生成绩查询"，如图 6.35 所示。

③ 在窗体空白处单击鼠标使光标从标签中跳出，结束创建标签控件的任务。

（3）设置标签控件属性。

每个控件都有不同的属性，可通过属性对话框设置控件属性。

① 选中标签控件。

在标签控件上单击左键，控件周围会出现 6 个小黑方块，即选中控件。

② 打开"属性"对话框。

单击工具栏上的"属性"按钮 ，或者右击标签控件，在快捷菜单中选择"属性"命令，会打开如图 6.36 所示的"标签"属性对话框（根据选中的控件会打开相应控件的属性对话框）。

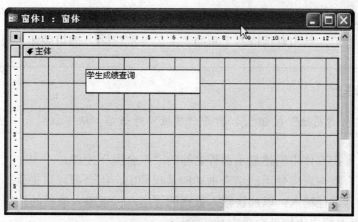

图 6.35 添加标签控件

图 6.36 "标签"属性对话框

③ 设置控件属性。

在标签 Label0 属性对话框的"格式"选项卡中可以设置 Label0 标签的属性:"字体大小"为"16","字体名称"为"楷体_GB2312","字体粗细"为"加粗","宽度"为"5 厘米","高度"为"1 厘米","背景样式"为"透明","特殊效果"为"蚀刻",如图 6.37 所示。设置的属性效果可同时在窗体中看到。

图 6.37 设置标签属性

④ 关闭"属性"对话框。

属性都设置好后，单击对话框右上角的"关闭"按钮，即可关闭"属性"对话框。

◆ 温馨小贴士

可以直接单击"属性"按钮 ，打开"属性"对话框，从下拉列表中选择指定控件。

（4）通过向导在窗体中创建显示课程名称的"组合框"控件。

窗体上的组合框与表中使用的组合框功能是相同的，组合框可以提供一组数据使用户可以选择其中的数据进行输入，以加快输入数据的速度，保证输入数据的正确性。

① 在工具栏中单击"控件向导"按钮 。

② 单击工具栏中的"组合框"按钮 。

③ 在窗体中放置组合框控件位置的左上角单击，启动"组合框"向导，打开如图 6.38 所示"组合框向导"对话框（这个组合框向导与创建表结构中使用的组合框向导是相同的，创建方法也完全相同）。选择"自行键入所需的值"作为获取数据的方式。

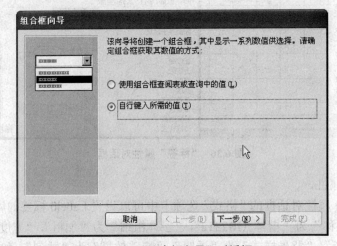

图 6.38 "组合框向导"对话框

④ 回答组合框向导提问。根据向导提问，自行输入作为组合框的列表选项的值："计算机网络技术""Access 数据库""Java 语言""管理信息系统""计算机组装与维护""C 语言""软件开发""网站开发与网页制作技术""微机原理""数据结构"，如图 6.39 所示。单击"完成"按钮。

⑤ 单击"属性"按钮 ，打开"组合框"属性对话框，从中选择"其他"标签，将"名称"属性改为"C1"，如图 6.40 所示。

⑥ 将"附加标签"的名字改为"课程名称"。切换到窗体视图，可看到创建的显示课程名称的组合框。

（5）通过设置属性创建显示班级名称的"列表框"控件。

列表框的功能与组合框相同，创建方法也类似，可以使用向导来创建，还可以通过"属性"对话框，设置控件来创建。

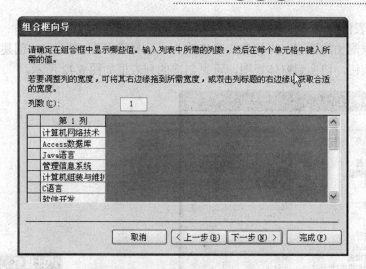

图 6.39　指定组合框显示的值

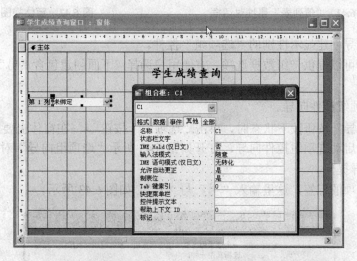

图 6.40　"组合框"属性对话框

① 释放"控件向导"控件。

如果"控件向导"按钮在按下状态，可单击该按钮，确保"控件向导"按钮在弹起状态，这样创建控件时不会启动控件向导。

② 在窗体中添加列表框控件。

在工具箱中单击"列表框"按钮，在窗体上要放置列表框位置的左上角单击，即可在窗体中添加一个列表框控件。

③ 设置列表框属性。

选中列表框控件，单击工具栏上的"属性"按钮，打开"列表框"属性对话框，从中选择"全部"选项卡，在"名称"属性框内输入名称"L1"，在"行来源类型"下拉列表中选择"值列表"，在"行来源"属性框中输入"10 计算机""10 电子""10 会计电算化"，其值将作为列表框的列表值，如图 6.41 所示。

④ 修改列表框的附加标签。

选择列表框附加的标签，将标签文字修改为"选择班级"，即可完成创建列表框的任务。单击"视图"按钮，切换到窗体视图，可见创建的列表框如图 6.42 所示。

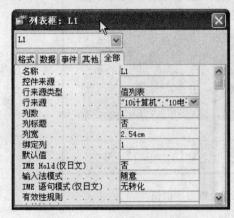

图 6.41 "值列表"属性对话框

图 6.42 窗体视图下的列表框

（6）使用向导创建显示性别的"选项组"控件。

选项组控件可以提供一组数据选项，方便用户选择。下面创建包含"男""女"两个选项的选项组。

① 启动选项组控件向导。

在"控件向导"按钮按下状态时，单击"选项组"按钮，在窗体上要放置选项组位置的左上角单击，启动选项组控件向导，打开如图 6.43 所示"选项组向导"对话框。

② 回答向导提问。

确定每个选项的标签，这里输入"男"与"女"，如图 6.43 所示。

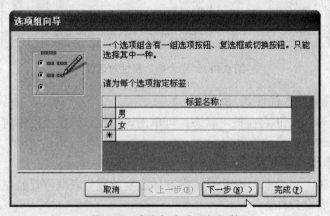

图 6.43 确定每个选项的标签

确定作为默认值的选项，这里选"男"，如图 6.44 所示。

为每个选项赋值，如图 6.45 所示，这里选择的是系统的默认值。该值是选择选项时保存在内存中的实际值，这里为"男"的选项赋值 1，为"女"的选项赋值 2。为了查询"学生表"，如果"学生表"中性别字段值为"男"，则要改为 1，为"女"则要改为 2。

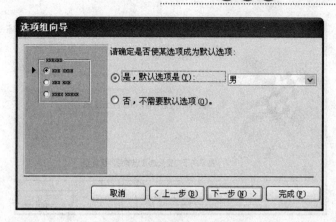

图 6.44 确定默认选项

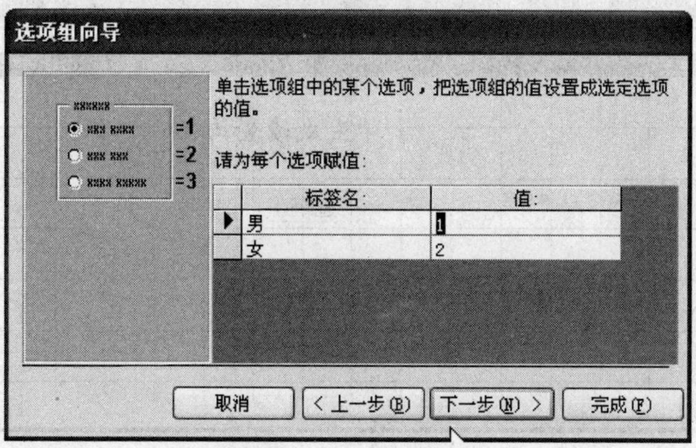

图 6.45 确定每个选项的值

确定选项组使用的控件类型，这里选择"选项按钮"选项，如图 6.46 所示。

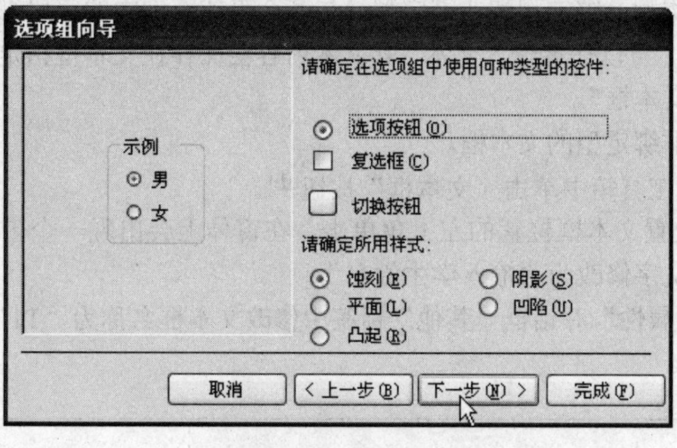

图 6.46 确定选项组中使用的控件类型

确定选项组的标题，这里输入"性别"，如图 6.47 所示。

最后单击"完成"按钮，自动创建选项组，可在窗体视图中看到如图 6.48 所示的选项组。

图 6.47　确定选项组的标题

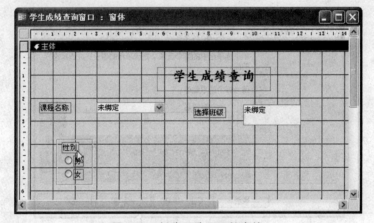

图 6.48　创建了选项组的窗体

在属性对话框"其他"标签中设置选项组的名称为"F1"。

（7）在窗体中创建文本框控件。

文本框有两种类型：绑定型和非绑定型。与某个表或查询中的字段绑定在一起的文本框称"绑定型文本框"。可以任意输入文本，其文本内容会保存在文本框指定的内存变量中的文本框称"非绑定型文本框"。

下面创建一个非绑定型的文本框。

① 在窗体设计工具箱中单击"文本框"按钮 **abl**。

② 在窗体上放置文本框位置的左上角单击，在窗体上会出现一个带有附加标签的文本框，将附加标签的文字修改为"输入学生姓名"。

③ 在"文本框属性"对话框"其他"标签中修改文本框名称为"T1"，添加文本框后的窗体如图 6.49 所示。

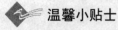温馨小贴士

如果要在窗体中创建与表或查询字段绑定的文本框，可通过窗体的"数据源"属性指定表或查询中的数据，创建绑定文本框时直接从字段列表框拖拽字段到窗体即可。

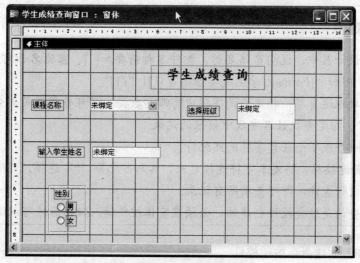

图 6.49　添加文本框的窗体

【操作实例 7】根据窗体控件创建查询对象。为了使窗口具有查询数据的功能，需要根据窗体控件创建相应的查询对象："学生成绩综合查询"。

（1）打开查询设计视图并添加"学生表""学生选修课程表""课程表"。

（2）选择查询目标字段："姓名""班级""课程名称""课程成绩"等。

（3）在"姓名"字段的"条件"单元格中输入"Like[Forms]![学生成绩查询窗口]！[T1]&'*'"。

（4）在"班级"字段的"条件"单元格中输入"Like[Forms]![学生成绩查询窗口]！[L1]&'*'"。

（5）在"课程名称"字段的"条件"单元格中输入"Like[Forms]![学生成绩查询窗口]！[C1]&'*'"。

（6）在"性别"字段的"条件"单元格中输入"Like[Forms]![学生成绩查询窗口]！[F1]&'*'"。

（7）保存该查询为"学生成绩综合查询"，即完成了根据窗体控件创建查询的任务，创建的查询如图 6.50 所示。

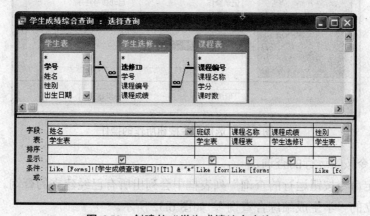

图 6.50　创建的"学生成绩综合查询"

温馨小贴士

① 在查询设计器中，说明窗体名称、控件名称前要加[ ]，窗体名称前还要加[Forms]!表示为表单类。例如"[Forms]![学生成绩查询窗口]! [T1]"。

② Like 为特殊运算符，指定查询字段中有哪些数据，并可查找满足部分条件的数据，例如：Like "张"，指定查找姓名字段中姓张的记录。

③ "*" 为一个或多个任意字符的匹配符。

④ &为字符连接符，将文本字符连接起来，其与匹配符 "*" 连接，能够在文本框为空白时，按 "*" 进行查询，即可查询所有记录。

⑤ 因为本查询是结合控件创建的，必须在窗体控件输入数据后才可以运行。

【操作实例 8】创建命令按钮控件。

在窗体上要控制其他数据库对象，需要使用命令按钮。本例是在窗体上创建一个运行查询对象的命令按钮。

（1）启动命令按钮向导。

在"控件向导"按钮 按下状态时，单击"命令按钮" ，在窗体上放置命令按钮位置的左上角单击，启动命令按钮向导，打开如图 6.51 所示"命令按钮向导"对话框。

（2）回答向导提问。

① 确定单击按钮时要进行的操作。

➤ 在"类别"栏选择"杂项"类别。

➤ 在"操作"栏选择"运行查询"操作，如图 6.51 所示，单击"下一步"按钮。

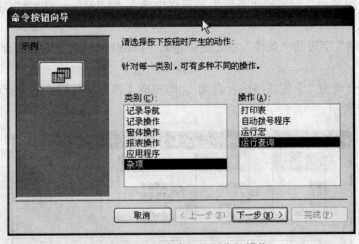

图 6.51 选择命令按钮所作的操作

② 确定命令按钮运行的查询。

在"请确定命令按钮运行的查询"列表框中会列出所有已经建立的查询。

选择刚建立的"学生成绩综合查询"，如图 6.52 所示。

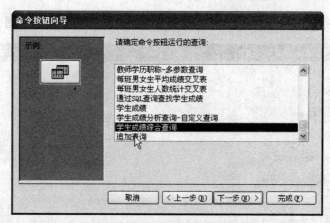

图 6.52 选择命令按钮运行的查询

③ 确定命令按钮上显示什么文本或者图片。

在对话框中选择"文本"选项。默认的名字为"运行查询",如图 6.53 所示。

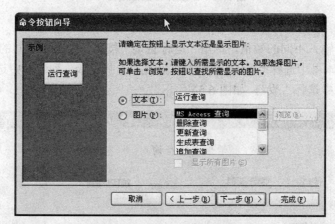

图 6.53 选择命令按钮上的文字

④ 确定命令按钮的名字。

输入命令按钮的名称为"com1",如图 6.54 所示。

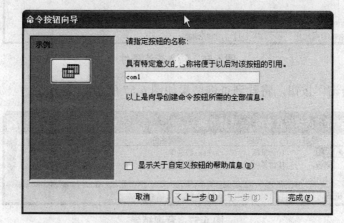

图 6.54 输入命令按钮的名字

单击"完成"按钮，在窗体视图中可看到创建的命令按钮控件，如图 6.55 所示。

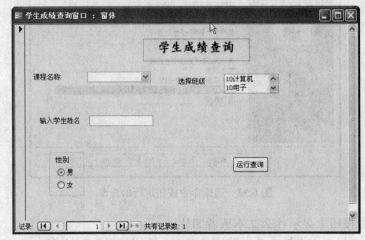

图 6.55　添加命令按钮的窗体

（3）运行查询。

在窗体控件中输入不同的数值，单击"运行查询"按钮，会出现不同的查询结果。例如，在"课程名称"文本框中选择"Access 数据库"，在"选择班级"列表框中选择"10 计算机"，在"性别"选项组中选择"女"，如图 6.56 所示。

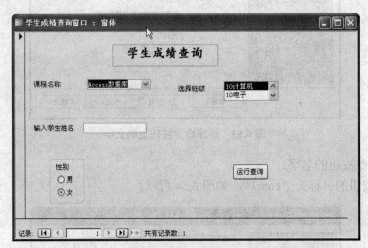

图 6.56　输入查询条件

单击"运行查询"按钮，将看到查询结果如图 6.57 所示。

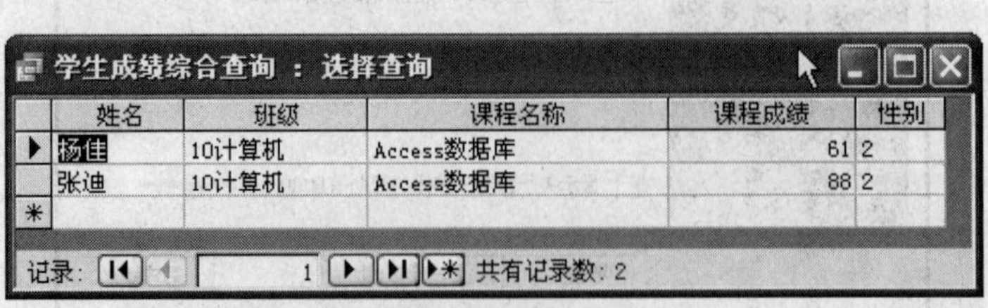

姓名	班级	课程名称	课程成绩	性别
扬佳	10计算机	Access数据库	61	2
张迪	10计算机	Access数据库	88	2

图 6.57　查询结果

归纳分析：

创建具有交互功能的窗体，需要注意以下 3 点。

（1）先在空白窗体中创建用来输入用户要求的窗体控件，一般可使用组合框、列表框、文本框等窗体控件接收用户的输入信息，使用标签控件来提示用户进行各种操作。

（2）要创建根据窗体控件接收的信息进行数据查找的查询对象。

（3）要在窗体中创建执行查询操作的命令按钮。

6.5 美化完善窗体

窗体是应用程序的用户界面，不仅具备操作的方便性和友好性，还应尽可能地做到赏心悦目。对于前面以不同方式创建的窗体，都可以在窗体设计视图中对它们进行美化、修改或向窗体中添加新的控件、对控件设置新的属性。

本节介绍如何美化已经创建的窗体对象。

6.5.1 使用自动套用格式

使用 Access 提供的"自动套用格式"可以快速美化窗体。

【操作实例 9】通过"自动套用格式"美化"学生成绩查询窗口"。

（1）在窗体设计视图中打开要美化的窗体对象"学生成绩查询窗口"。

（2）在主窗口菜单栏中选择"格式"→"自动套用格式"命令，打开如图 6.58 所示的"自动套用格式"对话框。

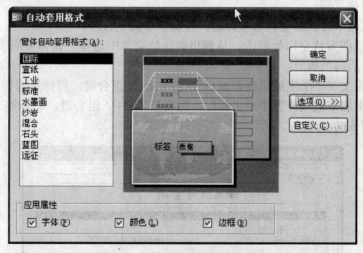

图 6.58 "自动套用格式"对话框

（3）在对话框中单击"选项"按钮，会在对话框下方出现一个"应用属性"选项组，在这里可以选择将哪些属性应用到窗体中，默认是全选，并且将会根据格式的定义设置窗体中的字体、颜色、边框。如果选择默认值，直接单击"确定"按钮。

选择"自动套用格式"中的"国际"格式后，美化的窗体如图 6.59 所示。

图 6.59　美化后的窗体

6.5.2　自行美化窗体

自动套用格式美化窗体是一种固定的格式，如果希望按照自己的构思来美化窗体，则需要自己动手通过设置窗体的属性，改变窗体的背景颜色、文字的字体等来美化窗体。

【操作实例 10】通过手动方式自行美化"学生成绩查询窗口"。

操作步骤如下：

（1）为窗体添加背景颜色。

在打开的窗体设计视图中，在窗体空白处右击，在弹出的快捷菜单中选择"填充/背景色"命令，在调色板中可以选择窗体背景使用的颜色。

（2）添加窗体页眉。

使用窗体页眉节可以给窗体添加标题，使窗体布局更合理。

① 在设计视图窗体空白处右击，从弹出的快捷菜单中选择"窗体页眉/页脚"命令，窗体会出现窗体页眉与页脚节。

② 选择标签文字"学生成绩查询窗口"，按 Ctrl+X 组合键，将标签剪切到剪切板。

③ 在窗体页眉节适当位置中单击鼠标，然后按 Ctrl+V 组合键，将标签文字粘贴到窗体页眉节中，如图 6.60 所示。

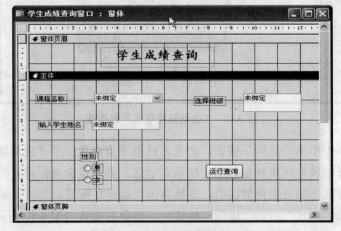

图 6.60　添加窗体页眉后的窗体

（3）添加当前日期和时间。

① 选择菜单栏中的"插入"→"日期和时间"命令，会出现如图 6.61 所示的"日期和时间"对话框，可选择"包含日期"和"包含时间"，并可选择显示样式。

② 单击"确定"按钮，日期和时间会插入在窗体页眉或窗体主体中。

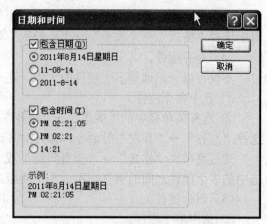

图 6.61 "日期和时间"对话框

6.5.3 美化完善窗体中的控件

【操作实例 11】通过手动方式美化窗体中的控件。

操作步骤如下：

（1）调整控件的位置。

如果控件的位置放置得不合适，可以选中控件将其移动到合适的位置。

① 选中控件。

单击控件可一次选中一个控件及附加标签。按住鼠标在多个控件上画框可一次选中多个连续的控件。按住 Shift 键可以同时选中多个不连续的控件。

② 移动控件。

将鼠标放在选中的控件上，当鼠标形状为一个张开的小手时，可以一起移动选中的控件到新的位置。在选中多个控件时，将鼠标移到某个控件的左上角，当小手变成半握拳形状时按住左键将只移动该控件。

（2）修改标签文字、添加效果、改变标签字体与颜色。

① 修改标签文字。

选中标签单击左键，可修改标签文字。

② 添加特殊效果。

按住 Shift 键，同时选中"课程名称""选择班级""输入学生姓名""选择性别"标签控件，右击，在快捷菜单中选择"特殊效果"选项，可以统一为这些标签指定特殊效果。

③ 改变标签字体与颜色。

在快捷菜单中选择"字体/字体颜色"命令及调色板或通过工具栏上的颜色、字体等按钮可为这些标签文字同时选择一种颜色或字体。

（3）改变控件的大小。

① 手动调整控件大小。

选中控件，然后在不同方向拖拽选中控件四周的黑块来改变控件的大小。

② 通过属性对话框调整控件大小。

选中控件，打开控件属性对话框，设置其"宽度""高度"属性来改变控件的大小。这种方法可以更精确的指定控件的大小。

例如：打开"运行查询"命令按钮属性对话框，选择其中的"格式"标签，设置"宽度"属性为 2 厘米，"高度"属性为 1.5 厘米。

③ 同时调整多个控件的大小。

选中多个控件，选择"格式"→"大小"→"至最宽"等命令，或者右击，在其快捷菜单中选择"格式"→"大小"→"至最宽"等命令，可以一起调整这些控件的大小。

（4）对齐控件。

不仅可以一起调整多个控件的大小，还可以将多个控件按不同方式对齐。

① 选中多个控件。

② 选择菜单栏中的"格式"→"对齐"→"靠左"等命令，或者右击，在其快捷菜单中选择"对齐"→"靠左"等命令，即可对齐这些控件。

通过菜单栏"格式"→"垂直间距"或"水平间距"→"相同"等命令，可以一次调整选中的多个控件之间的垂直间距、水平间距。

（5）组合控件。

① 选中多个控件。

② 选择菜单栏中的"格式"→"组合/取消组合"命令，即可将多个控件组合成一个对象。组合起来的控件对象可以一起移动。组合的对象可通过"取消组合"命令将它们分解。

（6）添加矩形控件。

在窗体中添加一个矩形，可将输入查询条件的控件组织在一起，并为其设置一种背景色，使窗体更美观。

① 在工具栏中单击"矩形"按钮 ▢，在窗体上拖拽矩形框，框住控件。

② 右击，在快捷菜单中选择"填充/背景色"命令，在调色板中选择"淡蓝色"。

③ 选择菜单栏中的"格式"→"置于底层"命令将矩形控件放在这些控件的底层。

（7）插入图片。

在窗体上添加图片可以使窗体更漂亮。

① 单击工具箱中的"图像"按钮。

② 在添加图片的位置单击并拖拽出要添加图片的位置大小。

③ 在打开的"插入图片"对话框中选择一个图片文件（要事先准备好使用的图片），关闭对话框，即可将图片插入到指定位置。

另外，可将图片作为窗体主体、其他控件的背景，选中图像控件，选择菜单栏中的"格式"→"置于底层"命令，即可将图片放在控件下层。

美化完善后的窗体如图 6.62 所示。

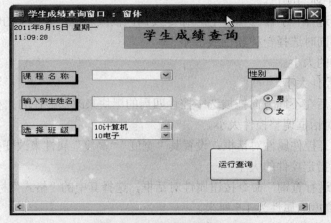

图 6.62　美化完善后的窗体

温馨小贴士

（1）如果窗体中有不需要的控件，可删除它。删除控件很简单，选中控件，按 Delete 键即可。

（2）在"学生成绩查询窗口"窗体可以进行多种查询，什么都不选择与输入时，可以查询所有学生的情况。也可以选择一个条件或两个、三个条件进行组合查询，非常方便。按姓名查询时，可以只输入"姓"进行模糊查询。

6.6 总 结 提 高

窗体作为数据库中的一个重要对象，主要用于向用户提供一个能够直观、方便的操作数据库的界面，起到美化数据显示的作用。窗体最多可以包含窗体页眉、页面页眉、主体、页面页脚和窗体页脚 5 部分，每一部分称为一个节。

窗体类型根据显示数据的方式，可以分为纵栏式窗体、表格式窗体、数据表窗体、图表窗体、数据透视表窗体、数据透视图窗体、主/子表式窗体。

窗体的视图是窗体的外观表现形式。Access 中窗体有 5 种视图："设计"视图、"窗体"视图、"数据表"视图、"数据透视表"视图和"数据透视图"视图。

Access 中有 6 种创建窗体的方式：用窗体向导创建窗体，在设计视图中创建窗体，使用"自动创建窗体"功能创建窗体，使用"自动窗体"功能创建数据透视表或数据透视图窗体，使用图表向导创建窗体，使用数据透视表向导创建窗体。

窗体的属性有很多，但使用较多、较为重要的属性有两类：窗体的"格式"属性和窗体的"数据"属性。

窗体可以看做是一个可以容纳其他对象的容器，窗体中包含的对象也称为控件，常用的控件类型有标签、文本框、选项组、切换按钮、选项按钮、组合框、列表框、命令按钮、图像、分页符、选项卡、主/子窗体、直线、矩形等控件。

如果一个窗体中还容纳有其他的窗体，则该窗体称为主窗体，而窗体中的其他窗体称为子窗体。创建带有子窗体的窗体有两种方法：一是用向导同时创建带有子窗体的窗体；另一种方法是利用控件将已有的窗体添加到另一个窗体中。

6.7 知 识 扩 展

数据访问页是直接与数据库中的数据链接的网页，或者说是将数据库中的数据通过 web 页发布。通过 web 页，可以查看来自 Internet 或 Intranet 的数据——这些数据保存在 Access 数据库或 SQL Server 数据库中。在数据访问页中还可以包含电子表格、数据透视表或图表等 OLE 对象，以便对数据库数据的分析和使用更加形象和方便。数据访问页是混合了 HTML（Hypertext Markup Language，超文本链接标示语言）和 ActiveX（微软倡导的 ActiveX 网络化多媒体对象技术）技术的网页文件。

6.7.1 数据访问页的概念

1. 数据访问页对象

数据访问页可以简单地认为就是一个网页。打开 Access 数据库，选择对象列表中的"页"对象，将显示数据库的数据页管理器，如图 6.63 所示。图中页对象列表是数据访问页的维护工具。

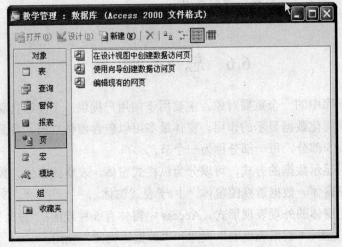

图 6.63 数据访问页对象

2. 数据访问页的类型

根据数据访问页的用途，可将其分为以下 3 种类型。

（1）交互式报表：这种数据访问页经常用于合并和分组保存在数据库中的信息，然后发布数据的总结。虽然这种数据访问页也提供用于排序和筛选的工具栏按钮，但是这种页不能编辑数据。

（2）数据输入：这种数据访问页用于查看、添加和编辑数据记录。

（3）数据分析：这种数据访问页会包含一个数据透视表列表，与 Access 数据透视表窗体或 Excel 数据透视表类似，允许重新组织数据并以不同方式分析数据。这种页可能包含一个图表，用于分析趋势、发现规模，以及比较数据库中的数据。

3. 数据访问页视图

数据访问页是以超文本标记语言（HTML）编码的窗体。有 3 种视图方式：页面视图、设计视图及网页预览视图。

（1）页面视图。

页面视图是在 Access 数据库中使用数据访问页的基本形式。利用数据库对象中的"新建/自动创建数据访问页：纵栏式"向导新建的数据访问页就是以这种视图方式打开的。如图 6.64 所示。

（2）设计视图。

数据访问页的设计视图与报表的设计视图类似，在设计视图中可以创建、设计或修改数据访问页，页设计视图如图 6.65 所示。

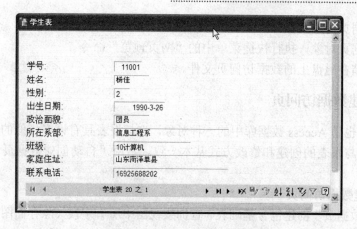

图 6.64 数据访问页的页视图

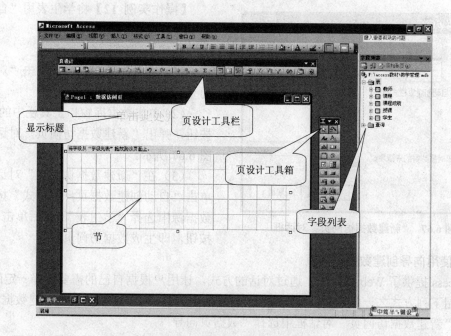

图 6.65 数据访问页设计视图

在设计视图中的页设计工具箱与其他视图的工具箱比，增加了一些与网页设计相关的控件。如图 6.66 所示。

图 6.66 页设计工具箱

（3）网页预览。

网页预览：可以用多种方法在网页浏览器中打开数据访问页。

① 选中数据页对象，执行"文件/网页预览…"菜单命令。

② 右击数据页对象，执行快捷菜单中的"网页预览"命令。

③ 双击存储在磁盘上的数据访问页文件。

6.7.2 创建数据访问页

数据访问页也是 Access 数据库中的一种对象，它与报表具有许多相似的性质，因此它的创建和修改方式与报表的创建和修改方式基本一致。常用"自动创建数据页"与"数据页向导"方式创建。

1. 自动创建数据访问页

"自动创建数据页"创建包含基础表、查询或视图中所有字段（除存储图片的字段外）和记录的数据访问页。

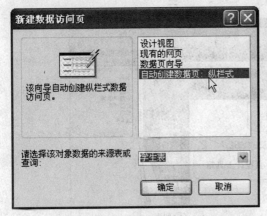

图 6.67 "新建数据访问页"对话框

【操作实例 12】将学生表用"自动创建数据页"生成数据访问页。

操作步骤如下：

（1）在数据库窗口中，单击"对象"下的"页"按钮。

（2）单击数据库窗口工具栏中的"新建"按钮，弹出"新建数据访问页"对话框，如图 6.67 所示。

（3）在"新建数据访问页"对话框中，单击"自动创建数据页：纵栏式"按钮，在数据源中选择"学生表"，然后单击"确定"按钮，即生成数据访问页。

2. 使用向导创建数据访问页

Access 提供了 Web 页向导，通过对话的方式，让用户根据自己的需要选择一定的选项。可以采用下列方式之一打开数据页向导：双击数据页管理器中的"使用向导创建数据访问页"或者从"新建数据访问页"对话框中选择"数据页向导"。

【操作实例 13】采用向导创建"教学管理"数据库中"教师表"的数据访问页。

操作步骤如下：

（1）单击"数据库"窗口工具栏上的"新建"按钮，在"新建数据访问页"对话框中，单击"数据页向导"按钮，然后选择"数据的来源表或查询"，这里选择"教师表"，单击"确定"。

（2）与创建报表类似，选择相应的表/查询后，再选择相应的字段，然后单击"下一步"进入添加分组级别。这里选择"教工号"；然后单击"下一步"，确定排序次序，这里以"姓名"升序排列，然后单击"下一步"。

（3）为页指定标题。这里为"教师信息"。单击"完成"生成如图 6.68 所示的数据访问页。

3. 使用设计视图创建数据访问页

在创建数据访问页时，可以使用类似报表的设计视图修改已有的数据访问页，或直接在设计视图中设计新的数据访问页。使用页的设计视图建立数据访问页的操作方法和过程类似于使用用报表设计视图。

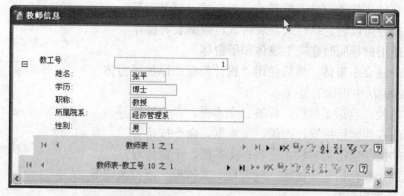

图 6.68 使用向导创建的数据访问页

数据访问页的设计视图的操作方法如下：

（1）在数据库窗口的"页"选项中，单击"新建"按钮，弹出"新建数据访问页"对话框，选择"设计视图"，单击"确定"按钮，即可出现如图 6.65 所示的设计视图。

（2）可以根据需求，从设计视图右侧的字段列表中选定需要显示的字段，按住鼠标左键将字段拖到需要的位置后放开鼠标，重复这一过程，进行适当的编辑，即可完成基本的页设计。

（3）可以设置页面属性、组级属性、元组属性、节属性和元素属性等。

思考与练习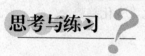

一、选择题

1. 窗体是 Access 数据库中的一种对象，以下哪项不是窗体具备的功能（　　）。

A. 输入数据　　B. 编辑数据　　　　C. 输出数据　　　　D. 显示和查询表中的数据

2. 使用"窗体向导"创建窗体，下列说法错误的是（　　）。

A. 用户可以对创建的窗体任意起名

B. 当主窗体移动一个记录时，对应的子窗体记录不变

C. 可创建基于多表的窗体

D. 可创建基于单表或查询的窗体

3. 以下不属于窗体组成区域的是（　　）。

A. 窗体页眉　　B. 主体　　　　　C. 页面页眉　　　　D. 文本

4. 窗口事件是指操作窗口时所引发的事件，下列不属于窗口事件的是（　　）。

A. 加载　　　　B. 打开　　　　　C. 关闭　　　　　D. 确定

5. 以下（　　）不是 Access 中的窗体。

A. 隐藏式窗体　B. 表格式窗体　　C. 数据表窗体　　　D. 纵栏式窗体

6. 用于创建窗体或修改窗体的窗口是窗体的（　　）。

A. 设计视图　　B. 窗体视图　　　C. 数据表视图　　　D. 透视表视图

7. 下列不属于控件格式属性的是（　　）。

A. 标题　　　　　B. 正文　　　　　　　C. 字体大小　　　　　D. 字体粗细

8. 下列各说法中错误的是（　　　）。

A. 可以自动创建的窗体有纵栏式、表格式、交叉表等

B. 利用向导可以创建纵栏式、表格式、数据表等窗体

C. 可以使用向导同时建立主窗体和子窗体

D. 可以先建立主窗体，然后使用"设计"视图添加子窗体

9. 下列各说法中正确的是（　　　）。

A. 窗体的控件包括菜单栏、标签、文本框、命令按钮等

B. 窗体的控件包括标签、图像、文本框、命令按钮等

C. 窗体的控件包括菜单栏、标签、文本框、子窗体等

D. 窗体的控件包括选项按钮、列表框、文本框、下拉按钮等

10. 组合框的组成是（　　　）。

A. 列表框、文本框　　　　　　　　B. 复选框、文本框

C. 选项组、文本框　　　　　　　　D. 列表框、选项组

二、填空

1. 窗体中的窗体称为＿＿＿＿＿＿＿，其中可以创建＿＿＿＿＿＿。

2. 窗体结构包括：＿＿＿＿＿＿＿、＿＿＿＿＿＿＿、＿＿＿＿＿＿＿、＿＿＿＿＿＿＿。

3. 窗体的主要功能包括：＿＿＿＿＿＿＿、＿＿＿＿＿＿＿、＿＿＿＿＿＿＿、＿＿＿＿＿＿＿。

4. 窗体的记录源是：＿＿＿＿＿＿＿、＿＿＿＿＿＿＿、＿＿＿＿＿＿＿。

5. ＿＿＿＿＿＿＿窗体具有图形直观的特点，可形象说明数据的对比、变化趋势。

三、简答题

1. Access 窗体的类型包括哪些？

2. 在 Access 中创建窗体的主要方法有哪些？

3. 列举窗体有哪些视图？

4. 窗体中常用控件有哪些？

四、技能训练

1. 以"教学管理"数据库中的"学生表"为数据源，利用"新建窗体"对话框中的"自动创建：纵栏式"创建名为"自动创建学生纵栏式"的窗体。

2. 以"教学管理"数据库中的"教师表"为数据源，利用"新建窗体"对话框中的"自动创建：表格式"创建名为"自动创建教师表格式"的窗体。

3. 以"教学管理"数据库中的"学生表"为数据源，利用"新建窗体"对话框中的"窗体向导"，选取"学号""姓名""性别""联系电话"和"班级"创建名为"向导创建学生纵栏表"的窗体。

4. 以两个表为数据源，使用向导创建主/子式窗体，具体要求如下：

（1）利用窗体向导创建，以"教学管理"数据库中的"学生表"和"课程表"为数据源。

（2）选取"学生表"中的"学号""姓名"字段；选取"课程表"中的"课程编号""课程名称""学分""课时数"字段。

（3）查看数据方式选"通过学生表"，子窗体布局为"数据表"。

（4）主窗体名为"学生主子式"，子窗体名为"课程表子窗体"。

5. 在"网上图书订阅"数据库中，现有"图书表"（图书 ID，图书名称，作者，单价，出版社），以"图书表"为数据源，使用向导创建一个表格式布局、国际样式的图书信息窗体，要求在该窗体中显示"图书名称""图书作者"和"单价"，窗体命名为"图书信息"。

思考与练习答案：

一、选择题

1. B 2. B 3. D 4. A 5. A 6. A 7. B 8. A 9. D 10. A

二、填空题

1. 子窗体 控件

2. 主体 窗体页眉 窗体页脚 页面页眉 页面页脚

3. 显示和编辑数据库中的数据 显示提示信息 控制程序运行 打印数据

4. 表 查询或 SELECT 语句

5. 图表

三、简答题

1. 纵栏式窗体、表格式窗体、主/子式窗体、数据表窗体、图表窗体、数据透视表窗体、数据透视图窗体。

2. 通过自动方式创建窗体、通过向导创建窗体、通过设计器创建窗体。

3. 设计视图、窗体视图、数据表视图、数据透视表视图和数据透视图视图。

4. 标签、文本框、命令按钮、列表框、选项组、复选框等。

第7章
Chapter 7
创建与使用报表对象

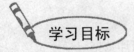

学习目标

1. 了解报表的概念、功能和布局
2. 掌握使用报表向导、报表设计视图等方法创建报表
3. 掌握使用向导创建标签和图表
4. 掌握报表的页面设置
5. 理解报表设计器的设计工具
6. 理解子报表的创建
7. 了解报表预览和打印方法

7.1 创 建 报 表

数据库中的表、查询和窗体都有打印的功能，通过它们可以打印比较简单的信息。要打印数据库中的数据，最好的方式是使用报表。报表是 Access 中专门用来统计、汇总并且整理打印数据的一种工具。要打印大量的数据或者对打印的格式要求比较高时，则必须使用报表的形式。用户可以利用报表，有选择地将数据输出，从中检索有用信息。Access 2003 报表的功能非常强大，也极易掌握并制作出精致、美观的专业性报表。

1. 报表的基本概念

（1）报表与窗体。

报表中的大部分内容是从表、查询或 SQL 语句中获得的，它们都是报表的数据来源。创建和设计报表对象与创建和设计窗体对象有许多共同之处，两者之间的所有控件几乎是可以共用的。它们之间的不同之处在于，报表不能用来输入数据，而只能在窗体中输入数据；报表只有"设计"视图和"打印预览"两种视图。它的作用主要是满足数据库应用系统的数据打印需求。

（2）报表的组成。

下面以"教学管理"数据库为例介绍报表。在"对象"列表中单击"报表"对象，如图 7.1 所示，双击"学生表"报表，可以打开它的"打印预览"视图，如图 7.2 所示。

单击工具栏上的"视图"按钮，可以切换到设计视图，如图 7.3 所示。

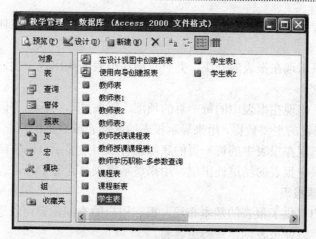

图 7.1 教学管理数据库

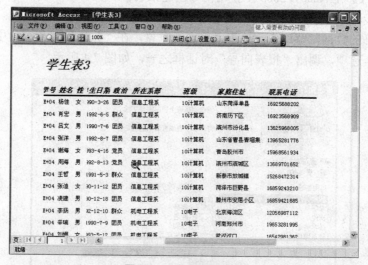

图 7.2 "学生表"报表

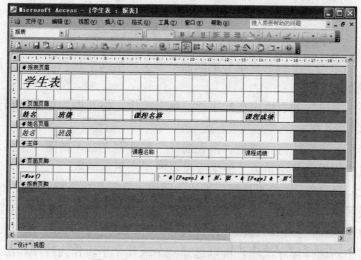

图 7.3 "学生表"报表的设计视图

由图 7.3 可以看到，报表在设计视图中由报表页眉、页面页眉、主体、页面页脚和报表页脚 5 个部分组成。

（1）报表页眉只出现在报表的开头，并且只能在报表开头出现一次，用来记录关于此报表的一些主题性信息。

（2）页面页眉只出现在报表中的每一页的顶部，用来显示列标题等信息。

（3）主体包含报表的主要数据，用来显示报表的基础表或查询的每一条记录的详细信息。

（4）页面页脚出现在报表中的每一页的底部，可以用来显示页码等信息。

（5）报表页脚只在报表的结尾处出现，用来显示报表总计等信息。

2. 通过向导创建报表

报表向导为用户提供了报表的基本布局，根据用户的不同需要可以进一步对报表进行修改。利用报表向导可以使报表创建变得更容易。

【操作实例 1】在 Access 2003 中使用向导创建报表。

具体操作步骤如下：

（1）在打开的数据库窗口中，单击"报表"对象，在"报表"对象窗口中，双击"使用向导创建报表"选项，调出"报表向导"对话框之一，如图 7.4 所示。

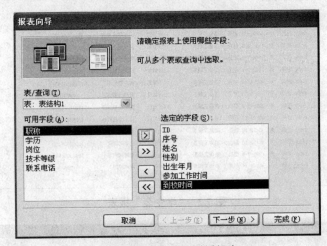

图 7.4 "报表向导"对话框之一

（2）单击"表/查询"下拉列表框右侧的向下箭头调出其下拉列表，从中选择创建窗体所需使用的表和窗体。

（3）在"可用字段"列表框中选择字段，单击按钮，将其添加到右半部分的"选定的字段"列表中，如图 7.4 所示。

（4）单击"下一步"按钮，调出"报表向导"对话框之二，如图 7.5 所示。选定添加分组级别以及分组的依据。分组是为了使生成报表的层次更加清晰。

（5）在图 7.5 中，单击"分组选项"按钮，调出"分组间隔"对话框，如图 7.6 所示。在这里可以为组级字段选定分组间隔。单击"确定"按钮，返回图 7.5 报表向导的分组中。

（6）单击"下一步"按钮，调出"报表向导"对话框之三，如图 7.7 所示。在"报表向导"对话框窗口中，选择排序次序，可以选择一个或几个字段作为排序和汇总的依据，排序可以选择升序或降序。

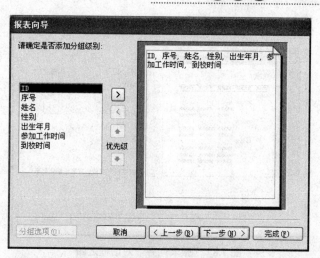

图 7.5　"报表向导"对话框之二

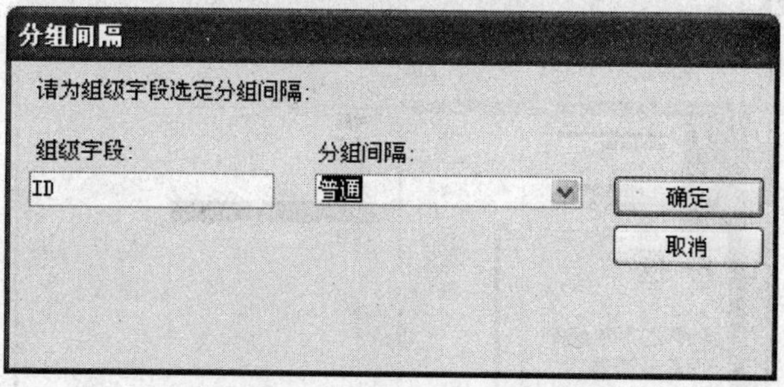

图 7.6　"分组间隔"对话框

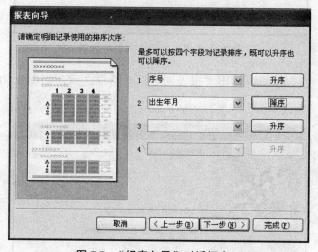

图 7.7　"报表向导"对话框之三

（7）单击"下一步"按钮，调出"报表向导"对话框之四，如图 7.8 所示。在"报表向导"对话框报表布局方式窗口中，可以确定布局和方向。

（8）单击"下一步"按钮，调出"报表向导"对话框之五，如图 7.9 所示。在这个对话框中确定报表所用样式，本例中选择"组织"样式。

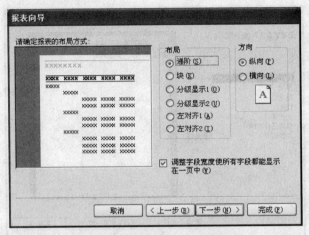

图 7.8 "报表向导"对话框之四

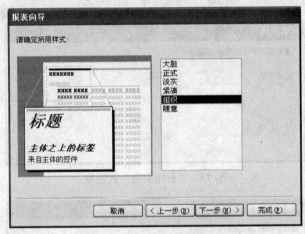

图 7.9 "报表向导"对话框之五

（9）单击"下一步"按钮，调出"报表向导"对话框之六，如图 7.10 所示，在这个对话框中为报表命名。

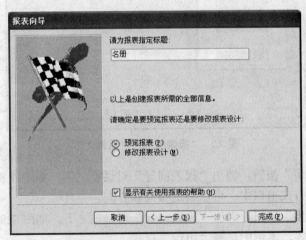

图 7.10 "报表向导"对话框之六

（10）单击"完成"按钮就可以成功创建报表，所创建的报表如图 7.11 所示。

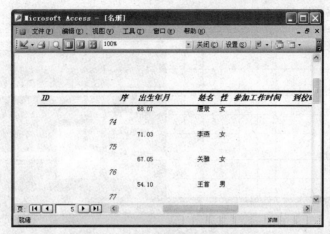

图 7.11 用"报表向导"创建的报表

3. 在设计视图中创建报表

使用报表向导可以简单、快速地创建报表，但创建的报表格式比较单一，有一定的局限性。为了创建具有独特风格、美观实用的报表，要使用设计视图来设计报表。

利用设计视图创建报表主要是向报表中添加控件。报表控件通常可分为以下 3 种。

（1）非结合控件：与数据表中的数据无关的控件。

（2）结合控件：表或查询中的数据字段。

（3）计算控件：报表中用于进行计算的控件，例如总计、小计等。

用设计视图创建报表的方法：

【操作实例 2】在 Access 2003 中用设计视图创建报表。

具体操作步骤如下：

（1）打开数据库窗口，如图 7.12 所示。双击"报表"→"在设计视图中创建报表"选项，调出报表的设计视图，如图 7.13 所示。

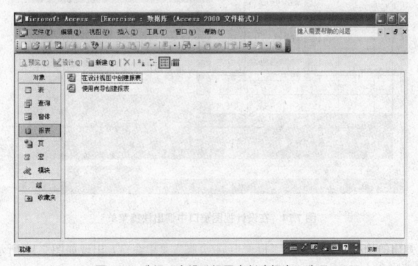

图 7.12 选择"在设计视图中创建报表"选项

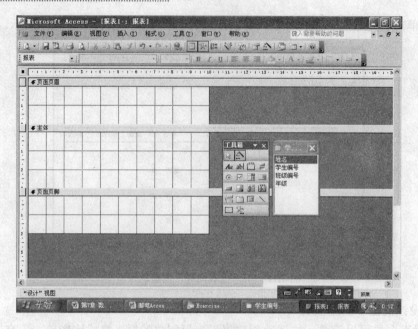

图 7.13　设计视图窗口

由图 7.13 可以看出,在设计视图窗口中没有报表页眉/页脚两个工作区,而只有页面页眉、主体和页面页脚。

(2) 在设计视图窗口中用鼠标右键单击这个窗口,调出快捷菜单,如图 7.14 所示。

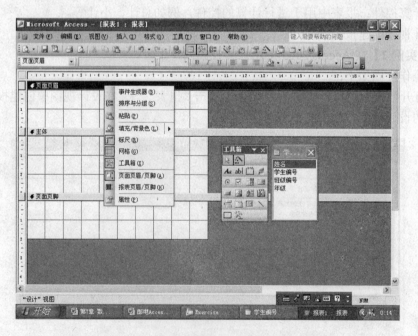

图 7.14　在设计视图窗口中调出快捷菜单

(3) 在弹出的快捷菜单中单击"报表页眉/页脚"菜单命令,出现如图 7.15 所示的报表的页眉和页脚两部分内容。

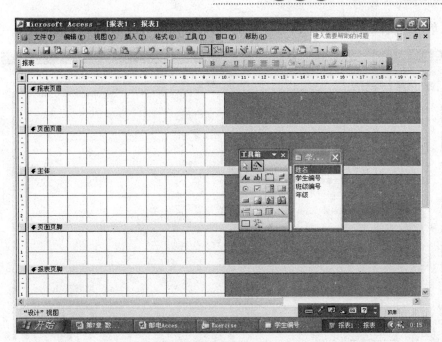

图 7.15 出现报表的页眉和页脚

（4）下面可以根据需要为报表添加一些控件，在"报表页眉"和"页面页眉"中利用工具箱中的"标签"按钮建立标签，并在标签中输入文字，在"主体"中用鼠标从字段列表框中拖入。结果如图 7.16 所示。

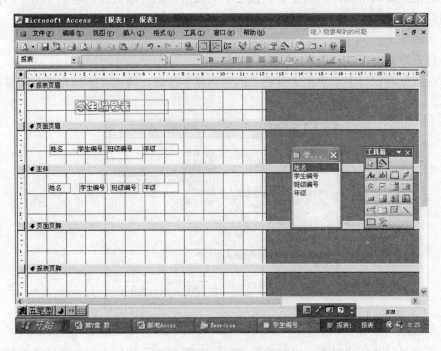

图 7.16 在报表中添加控件

（5）单击工具栏上的"打印预览"按钮，可得到如图 7.17 所示的报表。

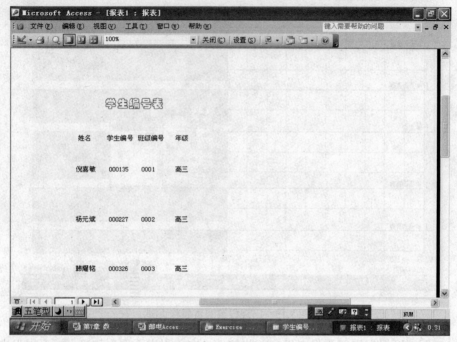

图 7.17　完成的报表

4. 通过自动方式创建报表

如果对格式要求不高，只需要看到报表中的数据，则可以快速创建一个简单的报表。

【操作实例 3】使用 Access 自动创建报表。

操作步骤如下：

（1）打开数据库窗口，选择"报表"对象。

（2）在数据库窗口中，单击工具栏上的"新建"按钮，调出"新建报表"对话框，如图 7.18 所示。

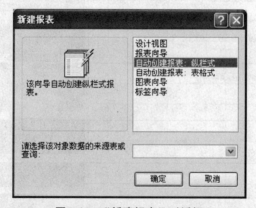

图 7.18　"新建报表"对话框

（3）选择"自动创建报表：纵栏式"选项，在下面的下拉列表框中选择数据的来源表。单击"确定"按钮，即可完成报表的创建工作，如图 7.19 所示。

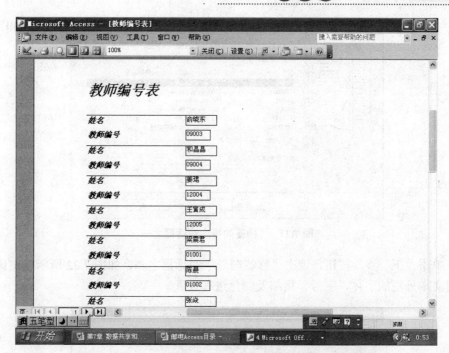

图 7.19 自动创建报表

5. 使用标签向导创建报表

标签实际上是一种多列报表，常常把一条记录的各个字段分行排列，因此制作标签一般都是使用多列的方法。

【操作实例 4】使用标签向导创建报表。

具体操作步骤如下：

（1）在数据库窗口中选择报表，单击工具栏上的"新建"按钮，调出"新建报表"对话框，选择"标签向导"选项，在下面的数据来源下拉列表框中选择"学生表"，如图 7.20 所示。

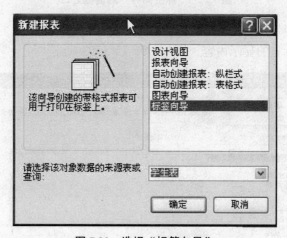

图 7.20 选择"标签向导"

（2）单击"确定"按钮，调出"标签向导"对话框之一，如图 7.21 所示，从中选择标签的型号、尺寸和生产厂商。图 7.21 中选择了"Avery"厂商和"C6102"型号的标签。

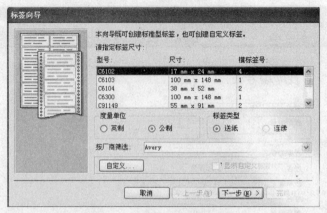

图 7.21 "标签向导"对话框之一

（3）单击"下一步"按钮，调出"标签向导"对话框之二，如图 7.22 所示。在该对话框中，可对文本外观的字体、字号、粗细及颜色进行设置。

图 7.22 "标签向导"对话框之二

（4）单击"下一步"按钮，调出"标签向导"对话框之三，如图 7.23 所示。在"标签向导"对话框中，确定标签的显示内容。

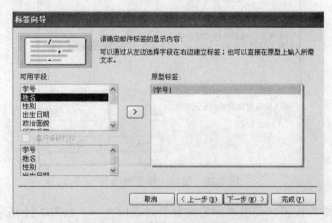

图 7.23 "标签向导"对话框之三

（5）单击"下一步"按钮，调出"标签向导"对话框之四，如图 7.24 所示。在"标签向导"对话框中，可以选择一个或多个字段对标签进行排序。

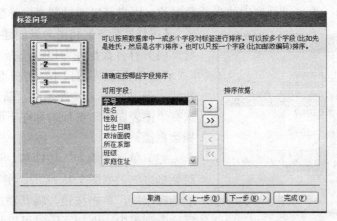

图 7.24 "标签向导"对话框之四

（6）单击"下一步"按钮，调出"标签向导"对话框之五，如图 7.25 所示。在"标签向导"对话框中，输入报表的名称，同时选择"查看标签的打印预览"单选钮。

图 7.25 "标签向导"对话框之五

（7）单击"完成"按钮，结果如图 7.26 所示。

图 7.26 用"标签向导"创建的报表

6. 创建有图表的报表

Access 中的图表报表有多种样式，包括线条图、饼图、面积图等，还有三维图形。图表可以是所有数据的，也可以是选定的当前数据的。用户可以通过图表向导创建满意的图表。

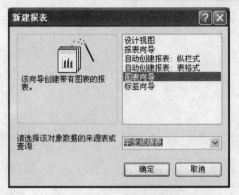

图 7.27 选择"图表向导"

【操作实例 5】利用向导创建图表的方法如下。

（1）打开数据库窗口，选择"报表"对象。

（2）在数据库窗口中，单击工具栏上的"新建"按钮，弹出如图 7.27 所示的"新建报表"对话框。选择"图表向导"选项，并在下面下拉列表框中选择数据源。

（3）单击"确定"按钮后，调出"图表向导"对话框之一，如图 7.28 所示，在"可用字段"列表中选择字段，单击按钮，将其添加到"用于图表的字段"列表中。添加字段时可以从不同的表中选择图表中所需的字段。

图 7.28 "图表向导"对话框之一

（4）单击"下一步"按钮，调出"图表向导"对话框之二，如图 7.29 所示。在对话框的左半部选择图形样式，在对话框的右半部有图形样式的说明。如图 7.29 所示选择三维柱形图。

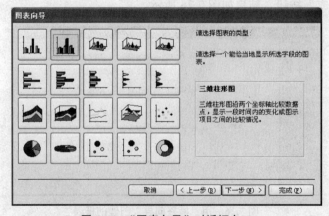

图 7.29 "图表向导"对话框之二

（5）单击"下一步"按钮，调出"图表向导"对话框之三，如图7.30所示。选择数据在图表中的布局方式，此处对所选的两门课程的分数进行求和。

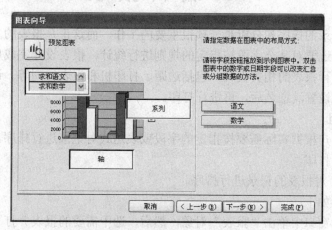

图 7.30 "图表向导"对话框之三

（6）单击"下一步"按钮，调出"图表向导"对话框之四，如图7.31所示。在文本框中输入图表的标题，单击"完成"按钮，创建的图表如图7.32所示。

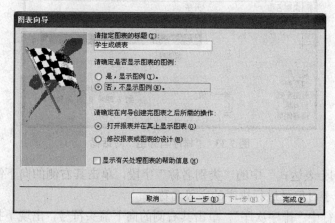

图 7.31 "图表向导"对话框之四

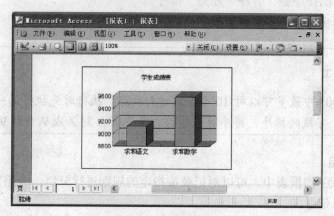

图 7.32 创建的图表

7.2 编辑报表

对数据库中记录的排序和分组是一项很重要的工作，而这正是报表的主要功能之一。在打印报表时，一般还要对某个字段按指定的规则进行统计，报表设计完成后就可以打印了。在打印之前还要进行报表的相关设置，包括边距、打印机和报表行列等。设置完成后，可对报表进行预览，对设置满意之后，再进行打印。

1. 排序和分组

在报表中，用户根据实际需要按指定的字段或表达式对记录进行排序，打印报表时就会以指定的顺序进行打印。

【操作实例6】对报表的记录进行排序。

具体操作步骤如下：

（1）在数据库窗口中单击"报表"对象，然后，选中需要的报表并打开它的设计视图。

（2）单击工具栏上的"排序与分组"按钮，调出"排序与分组"对话框，如图7.33所示。

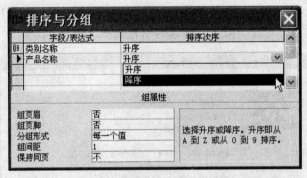

图7.33 "排序与分组"对话框

（3）单击"字段/表达式"中的"类别名称"字段，单击其右侧的向下箭头，出现下拉列表框，从中选择用于对记录进行排序的字段名称。

（4）单击同一行中"排序次序"，单击其右侧的向下箭头符号，出现下拉列表框，从中选择用于对记录进行的排序是"升序"还是"降序"。

（5）重复上两步操作，直到设置完所有的字段的排序。

 温馨小贴士

在Access 2003中最多可以对10个字段进行排序，执行时先执行第一个字段的排序，然后再执行第二个字段的排序。排序时升序的次序是从A到Z或从0到9。

---

2. 记录的分组

在Access 2003的报表中，可以对记录按指定的规则进行分组，分组后的每个组将显示该组的概要和汇总信息。

【操作实例7】在报表中对记录进行分组。

具体操作步骤如下：

（1）打开要分组的报表的设计视图。

（2）单击工具栏上的"排序与分组"按钮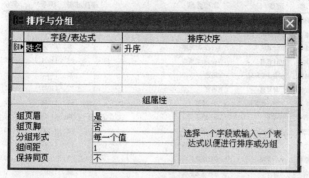，调出"排序与分组"对话框，如图7.34所示。

图7.34 排序与分组

（3）单击"字段/表达式"中的"类别名称"字段，单击其右侧的向下箭头符号，出现下拉列表框，从中选择用于分组的字段名称。

（4）单击"组页眉"右侧的向下箭头符号，从下拉列表框选择"是"选项，将"组页眉"的属性设置为"是"。

（5）用第（4）步的方法将"组页脚"的属性也设置为"是"。

注意：只有"组页眉"和"组页脚"的属性设置为"是"时，才可以创建分组。

（6）在"分组形式"下拉列表框中有"每一个值"和"前缀字符"两个选项，在"组间距"文本框中输入用于组的字符间隔和数目，在"保持同页"下拉列表框中有"不""整个组"和"与第一条详细记录"3个选项，根据需要进行设置以后关闭对话框。

（7）单击工具栏上的"打印预览"按钮，可以查看分组的结果。图7.35所示为没有分组的报表，图7.36所示为设置分组后的报表，其分组的选项设置是：在"分组形式"下拉列表框中选择"每一个值"，在"组间距"文本框中输入"1"，在"保持同页"下拉列表框中选择"与第一条详细记录"。

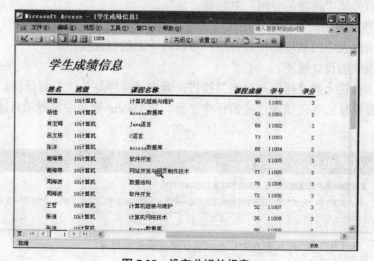

图7.35 没有分组的报表

姓名	班级	课程名称	课程成绩	学号	学分
刘姗姗	10电子	Access数据库	68	11013	2
杨佳	10计算机	Access数据库	61	11001	2
张迪	10计算机	Access数据库	88	11008	2
张洋	10计算机	Access数据库	88	11004	2
季枫林	10会计电算化	C语言	93	11020	2
吕文栋	10计算机	C语言	73	11003	2
李冰	10会计电算化	Java语言	67	11018	3
刘姗姗	10电子	Java语言	92	11013	3
肖宏辉	10计算机	Java语言	68	11002	3
杜文秀	10会计电算化	管理信息系统	93	11017	3
凌建峰	10计算机	管理信息系统	87	11009	3
辛瑞	10电子	管理信息系统	46	11012	3
于晓静	10会计电算化	管理信息系统	84	11016	3
王金波	10电子	计算机网络技术	78	11015	3

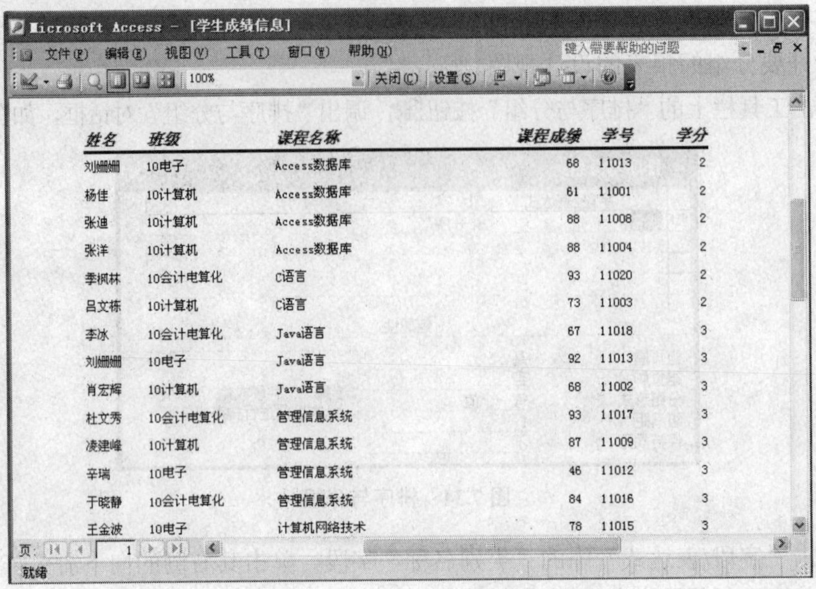

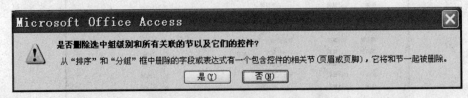

图 7.36　有分组的报表

3. 插入新的分组或排序

在已经设置了分组的报表中，如果需要插入新的分组或排序字段，可以按下面的步骤操作。

（1）打开报表的设计视图。

（2）单击工具栏上的“排序与分组”按钮，调出“排序与分组”对话框。

（3）单击空白行中的“字段/表达式”单元格，单击出现的向下箭头符号可以调出它的下拉列表框，从中选择要排序的字段或键入一个新的表达式。在“排序次序”下拉列表框选择“升序”还是“降序”。

（4）如果要改变排序的次序，单击要改变次序的字段的行选定器，用鼠标拖曳到新的位置。

设置完成后关闭“排序与分组”对话框。

4. 删除排序或分组的字段或表达式

如果要取消报表中的某项排序或分组，可以按下面的步骤操作。

（1）打开报表的设计视图。

（2）单击工具栏上的“排序与分组”按钮，调出“排序与分组”对话框。

（3）单击要删除的字段或表达式的行选定器，按 Delete 键，弹出提示对话框，如图 7.37 所示。

图 7.37　要求确认删除分组和排序

（4）单击"是"按钮确定。

5. 统计汇总

在报表中有时要对某个指定的字段进行统计汇总，Access 中提供了两种实现这个目的的方法：一种是在相应的表中加入字段，另一种是在报表输出打印时进行统计汇总。其中第二种方法得到广泛应用。

【操作实例 8】在报表中添加计算控件。

具体操作步骤如下：

（1）打开报表的设计视图。

（2）单击工具箱中要作为计算控件的按钮，单击设计视图中要放置控件的位置。

（3）如果计算控件是文本框，直接输入以"＝"开始的表达式。

（4）如果计算控件不是文本框，则应该打开该控件的"属性"对话框，如图 7.38 所示，单击"数据"选项卡，在"控件来源"文本框中输入表达式。

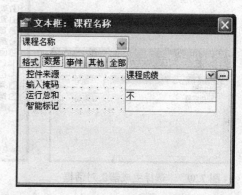

图 7.38　在"控件来源"文本框中输入表达式

（5）修改新控件的标签名称，将报表保存。

【操作实例 9】在报表中计算记录的总计或平均值。

在报表中计算记录的总计或平均值的具体操作步骤如下：

（1）打开报表的设计视图。

（2）如果要计算一组记录的总计或平均值，则可以将文本框添加到组页眉或组页脚中；如果要计算报表所有字段的总计或平均值，则可以将文本框添加到报表页眉或页脚中。

（3）打开该文本框的"属性"对话框，如图 7.38 所示，单击"数据"选项卡，在"控件来源"文本框中输入 Sum 函数计算总计值。如果要计算平均值，则要输入 Avg 函数。

【操作实例 10】用"表达式生成器"输入函数。

在输入表达式时，如果对函数很熟悉，可以在文本框中直接输入函数，如果不是很熟悉则可以用"表达式生成器"来输入，具体操作步骤如下：

（1）按照上面所介绍的方法确定输入函数的位置。

（2）单击工具栏上的"生成器"按钮，调出"选择生成器"对话框，如图 7.39 所示。

（3）选择"表达式生成器"选项，单击"确定"按钮，调出"表达式生成器"对话框，如图 7.40 所示。

（4）在"表达式生成器"对话框左侧的对象列表框中双击"函数"文件夹，单击其中的"内置函数"，这时在中间的列表框中列出了所有的类别，在右侧的值列表框中列出了所有函数。

（5）选中要输入的函数双击或单击"粘贴"按钮。

6. 在报表中创建子报表

子报表是插入到其他报表中的报表。在合并报表时，两个报表中的一个必须是主报表。主报表可以包括任意数目的子报表，但最多可以嵌套两级子报表，第一级子报表还可以包含任意数目的子报表。

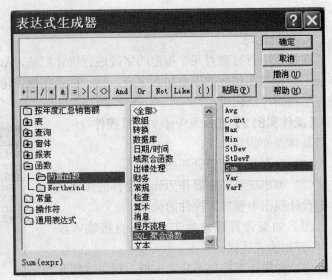

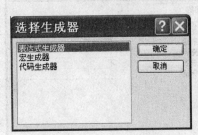

图 7.39 "选择生成器"对话框   图 7.40 "表达式生成器"对话框

【操作实例 11】 利用向导创建子报表。

具体操作步骤如下:

(1) 在设计视图中打开作为主报表的报表,例如"学生成绩表"报表。

(2) 按下工具箱中的"控件向导"工具。

(3) 单击工具箱中的"子窗体/子报表"按钮,如图 7.41 所示。

(4) 在报表上单击需要放置子报表的插入点,同时打开"子报表向导"对话框之一,如图 7.42 所示,选择"使用现有的表和查询"单选钮。

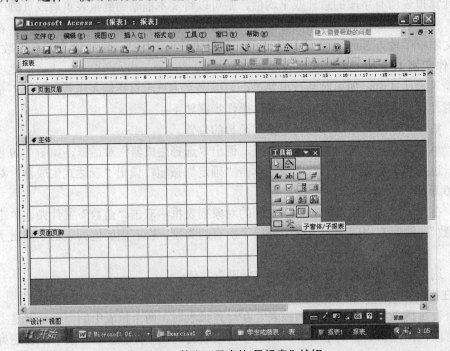

图 7.41 单击"子窗体/子报表"按钮

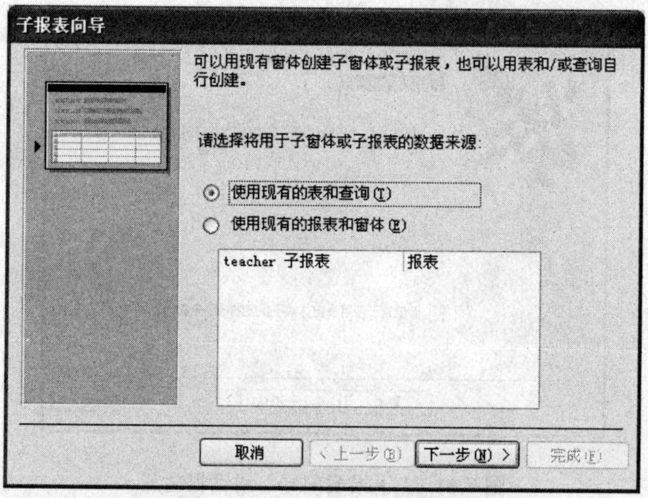

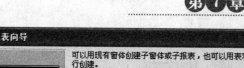

图 7.42 "子报表向导"对话框之一

（5）单击"下一步"按钮，调出"子报表向导"对话框之二，如图 7.43 所示，在"表/查询"列表框中选择"学生成绩表"，并将所选字段添加到"选定字段"列表中。

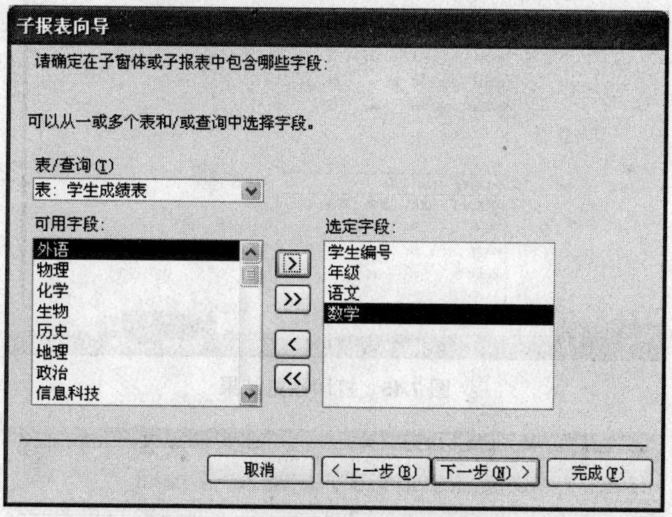

图 7.43 "子报表向导"对话框之二

（6）单击"下一步"按钮，调出"子报表向导"对话框之三，如图 7.44 所示，输入子报表的名称。

（7）单击"完成"按钮，子报表添加完毕。

打印预览结果如图 7.45 所示。

如果不用向导创建子报表，而将一个已有的子报表直接添加到已有的主报表中，可以单击数据库窗口的"报表"选项卡，然后将要作为子报表的已有报表直接拖动到主报表的设计视图中，如图 7.46 所示。

将子报表插入到主报表时，如果两个报表基于相关的表，则向导将自动链接主报表和子报表。如果由于某些原因向导没有正确链接表，则用户可以进行如下操作进行链接。

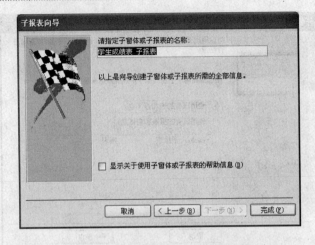

图 7.44 "子报表向导"对话框之三

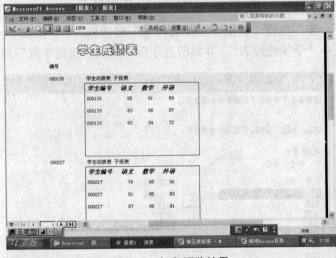

图 7.45 打印预览结果

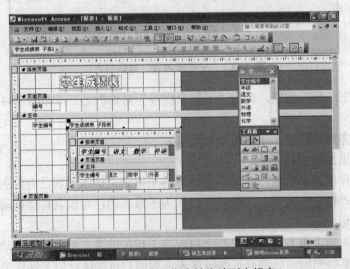

图 7.46 将已有报表直接拖拽到主报表

（1）在设计视图中打开主报表，然后选定子报表的控件并打开"属性"对话框。

（2）把子报表中的链接字段名称输入到"链接子字段"文本框中。

7.3 页 面 设 置

打印的页面设置会影响打印出的报表的形式，因此在打印之前要进行页面设置。

【操作实例 12】页面设置。

具体操作步骤如下：

（1）单击"文件"→"页面设置"菜单命令，弹出"页面设置"对话框，单击"边距"选项卡，如图 7.47 所示。

（2）在"边距"选项卡中进行页边距的设置。单击"页"选项卡，如图 7.48 所示，在"页"选项卡中进行打印方向、纸张和打印机的设置。

图 7.47 "页面设置"（边距）对话框

图 7.48 "页面设置"（页）对话框

（3）单击"列"选项卡，在这个对话框中可以设置列数、列尺寸和列布局，如图 7.49 所示。

图 7.49 "页面设置"（列）对话框

7.4 设 计 布 局

报表的总体外观是指从全局出发定义报表自身的显示特征和报表各组成部分的属性，包括设置报表背景图片和自动套用格式。

1. 向报表中添加背景图片

【操作实例 13】向报表中添加背景图片。

具体操作步骤如下：

（1）在设计视图中打开相应的报表。

（2）双击报表选定器，打开报表的属性表，如图 7.50 所示。

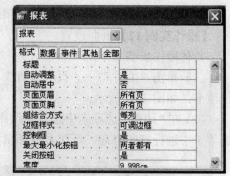

（3）将"图片"设置为.bmp 等文件。

（4）在"图片类型"中指定图片的添加方式。

（5）设置"图片缩放模式"可以控制图片的比例。

图 7.50 报表的属性表

（6）设置"图片对齐方式"可以指定图片在页面上的位置。

2. 自动套用格式报表

【操作实例 14】设置自动套用格式报表。

具体操作步骤如下：

（1）在设计视图中打开相应的报表。

（2）单击"格式"→"自动套用格式"菜单命令，出现如图 7.51 所示的对话框，在其中可以选择自动套用的格式或单击"自定义"按钮，自定义自动套用格式。

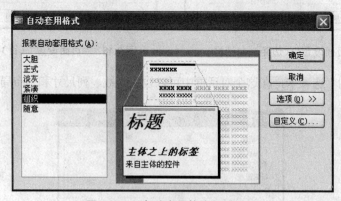

图 7.51 "自动套用格式"对话框

7.5 预览和打印报表

预览报表有版面预览和打印预览两种方法，通过版面预览可以快速核对报表的页面布局。在报表设计视图中，打开报表，单击"视图"→"版面预览"菜单命令，如图 7.52 所示，就可预览报表的版面布局。

图 7.52 单击"视图"→"版面预览"菜单命令

报表的打印预览直接在报表的预览视图中完成。

首次打印报表时，要对报表的页边距、页方向和其他内容进行页面设置然后进行打印。

【操作实例 15】打印报表。

具体操作步骤如下：

（1）单击"文件"→"打印"菜单命令，调出"打印"对话框，如图 7.53 所示。

（2）在"打印"对话框中进行设置。

（3）单击"确定"按钮，开始进行打印。

图 7.53 "打印"对话框

7.6 总 结 提 高

报表是 Access 中专门用来统计、汇总并且整理打印数据的一种工具。

（1）通过本章的学习，您主要应该掌握利用报表设计器创建报表、利用向导创建报表和通过标签向导创建报表等方法。

① 通过设计器创建报表：最常用最基本的方法，利用其他方法创建的报表进行修改时，都需要利用设计器，需要您重点掌握。

② 通过向导创建报表：多数应用在创建的报表与向导提供的模板相类似的情况下。

③ 通过标签向导创建报表：可以将数据表中的一些有关联系人的信息生成群发的信封或信件，提高办公效率。

（2）通过本章的学习，您应该灵活运用报表的设计视图和数据表视图，明确他们的用途和如何相互切换。

① 报表的设计视图主要用来创建、修改报表结构，进行编辑。

② 在数据表视图中，可以进行字段的修改、添加、删除和数据的查找等各种操作。

（3）报表的生成技巧。

① 运用查询生成报表。

如何产生报表在前面已经讲过，即应以查询为基础来建立报表，这样灵活方便。具体来说就是先由基表生成一个查询，将条件设置好，再用报表生成器以该查询为基础生成报表，不需要的字段可以从报表中删去，若以后需要再在报表中添上，报表中需要的表头信息若经常变动，也可从窗体中获得表头中所需的信息，可参见前面所述。

② 表格线的制作。

报表中若需要表格线，不能再用制表符来构造，可以在报表的设计视图中用画线工具来制作，程序中不便画表格线。

7.7 知识扩展

宏的应用

- 计算机程序指令或命令的有序集合称为宏。即，宏是宏操作（宏指令）的有序集合。
- Access 共有 50 多种宏指令，与内置函数一样，为应用程序提供各种功能。
- 在宏窗口中选定宏操作，定义好参数，即可实现特定的宏功能。

1. 宏的基本概念

（1）宏是若干宏操作的集合，由用户编写和命名，通过运行来实现功能。

（2）条件宏按条件来分流执行宏操作。

（3）宏组可以由多个宏组成，借以完成更多样的功能。

在 Access 中，宏常被用做 VB 的辅助编程方法。

2. 操作系列宏的创建

要创建一个操作系列宏，具体步骤如下：

（1）打开一个数据库，单击对象列表下的宏对象按钮，进入宏对象窗口，如图 7.54 所示。

图 7.54　宏对象窗口

（2）单击"新建"按钮，进入宏设计窗口，如图 7.55 所示。

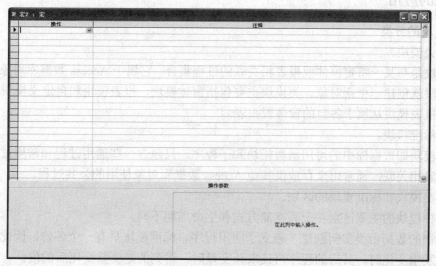

图 7.55　宏设计窗口

（3）将光标定位在操作窗格，会在右边出现一个下拉按钮，单击这个按钮会弹出一个下拉列表，从中可以选择操作命令。宏命令的含义已经在上节中进行了介绍。为了方便理解，可以在注释窗格里查阅。

（4）选定操作命令后，可在下面的操作参数窗格中填写相应的参数，将鼠标放在参数行时，右边就会出现关于这个参数的帮助。

（5）可以重复（3）、（4）步以设定多个操作命令。

（6）设置完成后，单击工具栏上的"保存"按钮，或单击菜单栏上的"文件"按钮，在弹出的下拉列表中选择"保存"，弹出"另存为"对话框。在文本框中输入宏名，点击确定，即可完成宏的保存。

如图 7.56 就是一个包含两个命令的操作宏序列。

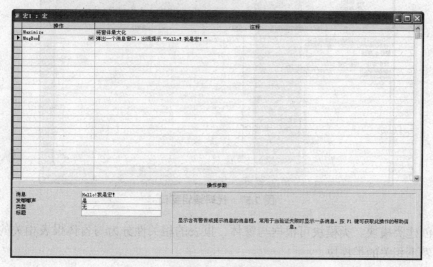

图 7.56　包含两个命令的操作宏序列

模块的应用

1. 模块的分类

（1）类模块。

类模块是与某一特定窗体或报表相关联的过程集合。它属于 Access 数据库对象，即新建一个类模块就创建一个新对象。类模块主要包括窗体模块、报表模块和自定义模块，其中窗体模块和报表模块从属于各自的窗体或报表。

（2）标准模块。

标准模块即数据库中的可用函数模块和子程序，只包含一些通用过程和常用过程，并不与任何对象相关联，通常用来存放供其他 Access 数据库对象使用的公共过程。

（3）类模块和标准模块的区别。

这两种模块的主要区别在于其存储方式和生命周期不同。

类模块的数据由类实例创建，独立于应用程序。标准模块只有一个备份，因此当其中的公共变量发生变化时，其后的程序再读取该变量时，得到的是变量变化后的值。

类模块的作用域是类实例对象的存活期，其中的声明或存在的任何变量或常量的值，都仅在该代码运行时有效。而标准模块的变量在声明为 Public 时，在工程的任何地方都可见。

2. 创建标准模块

（1）打开数据库，单击数据库窗口左边对象列表中的"模块"选项，然后单击工具栏上的"新建按钮"，即"Visual Basic 编辑器"，显示模块设计视图并创建空白标准模块，或单击"Visual Basic 编辑器"菜单栏中"插入"按钮，在弹出的下拉列表中选择"模块"选项，也会出现一个空白的标准模块，如图 7.57 所示。此时在代码窗口即可进行编辑。

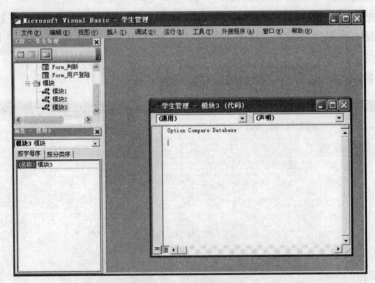

图 7.57　代码编辑窗口

（2）创建类模块。类模块可根据与窗体、报表的相关性分为与窗体报表相关的类模块和与窗体报表不相关的类模块。

创建与窗体或报表相关的类模块过程如下：

双击工程窗口中的窗体名称，然后在弹出的"新建模块代码"窗口中输入代码即可，如图 7.58 所示。

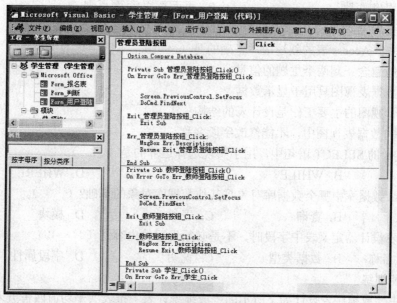

图 7.58 "新建模块代码"窗口

创建与窗体或报表不相关的类模块步骤如下：

单击"数据库"窗口或"Visual Basic 编辑器"的菜单栏上的"插入"按钮，在弹出下拉列表中选择"类模块"，即可在"Visual Basic 编辑器"中看到一个空白的类模块。将所需的声明或过程添加到类模块设计视图中，进行保存即可。

设计的类模块可以作为新类型来创建用户自定对象，类中定义的变量为对象的属性，子过程和函数则将成为对象的方法。可以通过对象来引用其属性和方法。

思考与练习

一、选择题

1. 下面关于报表对数据的处理的叙述中正确的是（　　）。

A. 报表只能输入数据　　　　　　　　B. 报表只能输出数据

C. 报表可以输入和输出数据　　　　　D. 报表不能输入和输出数据

2. 用于实现报表的分组统计数据的操作区间是（　　）。

A. 报表的主体区域　　　　　　　　　B. 页面页眉或页面页脚区域

C. 报表页眉或报表页脚区域　　　　　D. 组页眉或组页脚区域

3. 为了在报表的每一页底部显示页码号，那么应该设置（　　）。

A. 报表页眉　　B. 页面页眉　　　　C. 页面页脚　　　　D. 报表页脚

4. 要在报表上显示格式为"7/总 10 页"的页码，则计算控件的控件源应设置为（　　）。

A. [Page]/总[Pages]　　　　　　　　B. =[Page]/总[Pages]

C. [Page]&"/总"&[Pages]　　　　　　D. =[Page]&"/总"&[Pages]

5. 在使用报表设计器设计报表时，如果要统计报表中某个字段的全部数据，应将计算表达式放在（　　）。

A. 组页眉/组页脚 　　　　　　　　　B. 页面页眉/页面页脚

C. 报表页眉/报表页脚 　　　　　　　D. 主体

6. 以下关于 Access 表的叙述中，正确的是（　　）。

A. 表一般包含一到两个主题的信息

B. 表的数据表视图只用于显示数据

C. 表设计视图的主要工作是设计表的结构

D. 在表的数据表视图中，不能修改字段名称

7. 在 SQL 的 SELECT 语句中，用于实现选择运算的是（　　）。

A. FOR 　　　　　B. WHILE 　　　　　C. IF 　　　　　D. WHERE

8. Access 数据库中哪个数据库对象是其他数据库对象的基础?（　　）。

A. 报表 　　　　　B. 查询 　　　　　C. 表 　　　　　D. 模块

9. 使用表设计器定义表中字段时，不是必须设置的内容是（　　）。

A. 字段名称 　　　B. 数据类型 　　　C. 说明 　　　　　D. 字段属性

二、技能训练

根据学生"成绩"表设计如下所示的"成绩统计表"报表（平均值四舍五入到小数点后两位）。

成绩统计表

学生 ID	哲学	计算机	英语	平均
1	82	91	79	××
2	80	85	90	××
⋮	⋮	⋮	⋮	⋮
平均	××	××	××	××

思考与练习答案:

1. B 　2. D 　3. C 　4. D 　5. C 　6. C 　7. D 　8. C 　9. C

全国计算机等级考试二级 Access
模拟试题及答案（一）

一、选择题（（1）～（35）每小题 2 分，共 70 分）

下列各题 A、B、C、D 四个选项中，只有一个选项是正确的，请将正确选项涂写在答题卡相应位置上，答在试卷上不得分。

（1）在计算机中，算法是指_____。

A. 查询方法
B. 加工方法
C. 解题方案的准确而完整的描述
D. 排序方法

（2）栈和队列的共同点是_____。

A. 都是先进后出
B. 都是先进先出
C. 只允许在端点处插入和删除元素
D. 没有共同点

（3）已知二叉树 BT 的后序遍历序列是 dabec，中序遍历序列是 debac，它的前序遍历序列是_____。

A. cedba
B. acbed
C. decab
D. deabc

（4）在下列几种排序方法中，要求内存量最大的是_____。

A. 插入排序
B. 选择排序
C. 快速排序
D. 归并排序

（5）在设计程序时，应采纳的原则之一是_____。

A. 程序结构应有助于读者理解
B. 不限制 goto 语句的使用
C. 减少或取消注解行
D. 程序越短越好

（6）下列不属于软件调试技术的是_____。

A. 强行排错法
B. 集成测试法
C. 回溯法
D. 原因排除法

（7）下列叙述中，不属于软件需求规格说明书的作用的是_____。

A. 便于用户、开发人员进行理解和交流

B. 反映出用户问题的结构，可以作为软件开发工作的基础和依据

C. 作为确认测试和验收的依据

D. 便于开发人员进行需求分析

（8）在数据流图（DFD）中，带有名字的箭头表示_____。

A. 控制程序的执行顺序
B. 模块之间的调用关系
C. 数据的流向
D. 程序的组成成分

（9）SQL 语言又称为_____。

A. 结构化定义语言
B. 结构化控制语言

C. 结构化查询语言   D. 结构化操纵语言

（10）视图设计一般有3种设计次序，下列不属于视图设计的是_____。

A. 自顶向下 B. 由外向内 C. 由内向外 D. 自底向上

（11）关于数据库系统相对文件系统的优点，下列说法错误的是_____。

A. 提高了数据的共享性，使多个用户能够同时访问数据库中的数据。

B. 消除了数据冗余现象。

C. 提高了数据的一致性和完整性。

D. 提供数据与应用程序的独立性。

（12）要从学生表中找出姓"刘"的学生，需要进行的关系运算是_____。

A. 选择 B. 投影 C. 连接 D. 求交

（13）在关系数据模型中，域是指_____。

A. 元组 B. 属性 C. 元组的个数 D. 属性的取值范围

（14）Access 字段名的最大长度为_____。

A. 64 个字符 B. 128 个字符 C. 255 个字符 D. 256 个字符

（15）必须输入任何的字符或一个空格的输入掩码是_____。

A. A B. a C. & D. C

（16）下列 SELECT 语句正确的是_____。

A. SELECT * FROM "学生表" WHERE 姓名="张三"

B. SELECT * FROM "学生表" WHERE 姓名=张三

C. SELECT * FROM 学生表 WHERE 姓名="张三"

D. SELECT * FROM 学生表 WHERE 姓名=张三

（17）以下操作不属于查询的是_____。

A. 交叉表查询 B. 生成表查询 C. 更新查询 D. 追加查询

（18）下列不属于 Access 提供的窗体类型是_____。

A. 表格式窗体 B. 数据表窗体 C. 图形窗体 D. 图表窗体

（19）控件的显示效果可以通过其"特殊效果"属性来设置，下列不属于"特殊效果"属性值的是_____。

A. 平面 B. 凸起 C. 凿痕 D. 透明

（20）有效性规则主要用于_____。

A. 限定数据的类型 B. 限定数据的格式

C. 设置数据是否有效 D. 限定数据取值范围

（21）下列不是窗体控件的是_____。

A. 表 B. 单选按钮 C. 图像 D. 直线

（22）以下不是 Access 预定义报表格式的是_____。

A. "标准" B. "大胆" C. "正式" D. "随意"

（23）以下关于报表的叙述正确的是_____。

A. 报表只能输入数据 B. 报表只能输出数据

C. 报表可以输入和输出数据 D. 报表不能输入和输出数据

（24）一个报表最多可以对_____个字段或表达式进行分组。

A. 6　　　　　　　B. 8　　　　　　　C. 10　　　　　　　D. 16

（25）要设置在报表每一页的顶部都输出的信息，需要设置_____。

A. 报表页眉　　　　B. 报表页脚　　　　C. 页面页眉　　　　D. 页面页脚

（26）在 Access 中需要发布数据库中的数据的时候，可以采用的对象是_____。

A. 数据访问页　　　B. 表　　　　　　　C. 窗体　　　　　　D. 查询

（27）宏是由一个或多个_____组成的集合。

A. 命令　　　　　　B. 操作　　　　　　C. 对象　　　　　　D. 表达式

（28）用于打开报表的宏命令是_____。

A. OpenForm　　　　B. OpenReport　　　C. OpenQuery　　　D. RunApp

（29）VBA 的逻辑值进行算术运算时，True 值被当做_____。

A. 0　　　　　　　　B. 1　　　　　　　C. −1　　　　　　　D. 不确定

（30）如果要取消宏的自动运行，在打开数据库时按住_____键即可。

A. Shift　　　　　　B. Ctrl　　　　　　C. Alt　　　　　　　D. Enter

（31）定义了二维数组 A（3 to 8，3），该数组的元素个数为_____。

A. 20　　　　　　　B. 24　　　　　　　C. 25　　　　　　　D. 36

（32）阅读下面的程序段：

```
K=0
for I=1 to 3
for J=1 to I
K=K+J
Next J
Next I
```

执行上面的语句后，*K* 的值为_____。

A. 8　　　　　　　　B. 10　　　　　　　C. 14　　　　　　　D. 21

（33）VBA 数据类型中符号"%"表示的数据类型是_____。

A. 整型　　　　　　B. 长整型　　　　　C. 单精度型　　　　D. 双精度型

（34）函数 Mid（"123456789"，3，4）返回的值是_____。

A. 123　　　　　　　B. 1234　　　　　　C. 3456　　　　　　D. 456

（35）运行下面程序代码后，变量 *J* 的值为_____。

```
Private Sub Fun()
Dim J as Integer
J=10
DO
J=J+3
Loop While J<19
End Sub
```

A. 10　　　　　　　B. 13　　　　　　　C. 19　　　　　　　D. 21

二、填空题（每空 2 分，共 30 分）

请将每一个空的正确答案写在答题卡【1】～【15】序号的横线上，答在试卷上不得分。

（1）实现算法所需的存储单元多少和算法的工作量大小分别称为算法的【1】。

（2）数据结构包括数据的逻辑结构、数据的【2】以及对数据的操作运算。

（3）一个类可以从直接或间接的祖先中继承所有属性和方法。采用这个方法提高了软件的【3】。

（4）面向对象的模型中，最基本的概念是对象和【4】。

（5）软件维护活动包括以下几类：改正性维护、适应性维护、【5】维护和预防性维护。

（6）SQL（结构化查询语言）是在数据库系统中应用广泛的数据库查询语言，它包括了数据定义、数据查询、【6】和【7】4 种功能。

（7）文本型字段大小的取值最大为【8】个字符。

（8）使用查询向导创建交叉表查询的数据源必须来自【9】个表或查询。

（9）计算型控件用【10】作为数据源。

（10）【11】报表也称为窗体报表。

（11）【12】函数返回当前系统日期和时间。

（12）运行下面程序，其输出结果（str2 的值）为【13】。

```
Dim str1, str2 As String
Dim i As Integer
str1 = "abcdef"
For i = 1 To Len(str1) Step 2
str2 = UCase(Mid(str1, i, 1))+ str2
Next
MsgBox str2
```

（13）运行下面程序，其运行结果 k 的值为【14】，其最里层循环体执行次数为【15】。

```
Dim i, j, k As Integer
i = 1
Do
For j = 1 To i Step 2
k = k + j
Next
i = i + 2
Loop Until i > 8
```

上机操作题

一、基本操作题

（1）在考生文件夹下，"samp1.mdb"数据库文件中建立表"tTeacher"，表结构如下：

字段名称	数据类型	字段大小	格式
编号	文本	5	
姓名	文本	4	
性别	文本	1	
年龄	数字	整型	
工作时间	日期/时间		短日期
学历	文本	5	
职称	文本	5	
邮箱密码	文本	6	
联系电话	文本	8	
在职否	是/否		是/否

(2)设置"编号"字段为主键。

(3)设置"工作时间"字段的有效性规则为只能输入 2004-7-1 以前的日期。

(4)将"在职否"字段的默认值设置为真值。

(5)设置"邮箱密码"字段的输入掩码为将输入的密码显示为 6 位星号(密码)。

(6)在"tTeacher"表中输入以下两条记录:

编号	姓名	性别	年龄	工作时间	学历	职称	邮箱密码	联系电话	在职否
77012	郝海为	男	67	1962-12-8	大本	教授	621208	65976670	
92016	李丽	女	32	1992-9-3	研究生	讲师	920903	65976444	✓

二、简单应用题

考生文件夹下存在一个数据库文件"samp2.mdb",里面已经设计好两个表对象"tEmployee"和"tGroup"。试按以下要求完成设计:

(1)创建一个查询,查找并显示职工的"编号""姓名""性别""年龄"和"职务"5个字段内容,所建查询命名为"qT1"。

(2)建立"tGroup"和"tEmployee"两表之间的一对多关系,并实施参照完整性。

(3)创建一个查询,查找并显示开发部职工的"编号""姓名""职务"和"聘用时间"4个字段内容,所建查询命名为"qT2"。

(4)创建一个查询,检索职务为经理的职工的"编号"和"姓名"信息,然后将两列信息合二为一输出(比如,编号为"000011"、姓名为"吴大伟"的数据输出形式为"000011吴大伟"),并命名字段标题为"管理人员",所建查询命名为"qT3"。

三、综合应用题

考生文件夹下存在一个数据库文件"samp3.mdb",里面已经设计好窗体对象"fTest"及宏对象"m1"。试在此基础上按照以下要求补充窗体设计:

(1)在窗体的窗体页眉节区位置添加一个标签控件,其名称为"bTitle",标题显示为"窗体测试样例"。

(2)在窗体主体节区内添加两个复选框控件,复选框选项按钮分别命名为"opt1"和"opt2",对应的复选框标签显示内容分别为"类型 a"和"类型 b",标签名称分别为"bopt1"和"bopt2"。

(3)分别设置复选框选项按钮 opt1 和 opt2 的"默认值"属性为假值。

(4)在窗体页脚节区位置添加一个命令按钮,命名为"bTest",按钮标题为"测试"。

(5)设置命令按钮 bTest 的单击事件属性为给定的宏对象 m1。

（6）将窗体标题设置为"测试窗体"。

注意：不允许修改窗体对象 fTest 中未涉及的属性；不允许修改宏对象 m1。

答　案

一、选择题

（1）C	（2）C	（3）A	（4）D	（5）A	（6）B	（7）D
（8）C	（9）C	（10）B	（11）B	（12）A	（13）D	（14）A
（15）C	（16）C	（17）A	（18）C	（19）D	（20）D	（21）A
（22）A	（23）B	（24）C	（25）C	（26）A	（27）B	（28）B
（29）C	（30）A	（31）B	（32）B	（33）A	（34）C	（35）C

二、填空题

（1）【1】空间复杂度和时间复杂度

（2）【2】存储结构

（3）【3】可重用性

（4）【4】类

（5）【5】完善性

（6）【6】数据操纵【7】数据控制

（7）【8】日期/时间

（8）【9】一

（9）【10】表达式

（10）【11】纵栏式

（11）【12】Now

（12）【13】ECA

（13）【14】30【15】10

全国计算机等级考试二级 Access 模拟试题及答案（二）

一、选择题（（1）～（35）每小题 2 分，共 70 分）

（1）在深度为 5 的满二叉树中，叶子结点的个数为_____。

A. 32   B. 31   C. 16   D. 15

（2）若某二叉树的前序遍历访问顺序是 abdgcefh，中序遍历访问顺序是 dgbaechf，则其后序遍历的结点访问顺序是_____。

A. bdgcefha B. gdbecfha C. bdgaechf D. gdbehfca

（3）一些重要的程序语言（如 C 语言和 Pascal 语言）允许过程的递归调用。而实现递归调用中的存储分配通常用_____。

A. 栈   B. 堆   C. 数组   D. 链表

（4）软件工程的理论和技术性研究的内容主要包括软件开发技术和_____。

A. 消除软件危机 B. 软件工程管理 C. 程序设计自动化 D. 实现软件可重用

（5）开发软件时对提高开发人员工作效率至关重要的是_____。

A. 操作系统的资源管理功能   B. 先进的软件开发工具和环境

C. 程序人员的数量   D. 计算机的并行处理能力

（6）在软件测试设计中，软件测试的主要目的是_____。

A. 实验性运行   B. 证明软件正确

C. 找出软件中全部错误   D. 发现软件错误而执行程序

（7）数据处理的最小单位是_____。

A. 数据   B. 数据元素   C. 数据项   D. 数据结构

（8）索引属于_____。

A. 模式   B. 内模式   C. 外模式   D. 概念模式

（9）下述关于数据库系统的叙述中正确的是_____。

A. 数据库系统减少了数据冗余

B. 数据库系统避免了一切冗余

C. 数据库系统中数据的一致性是指数据类型一致

D. 数据库系统比文件系统能管理更多的数据

（10）数据库系统的核心是_____。

A. 数据库   B. 数据库管理系统

C. 模拟模型   D. 软件工程

（11）在以下数据库系统（由数据库应用系统、操作系统、数据库管理系统、硬件四部分组成）层次示意图中，数据库应用系统的位置是_____。

A. 1   B. 3   C. 2   D. 4

（12）数据库系统四要素中，什么是数据库系统的核心和管理对象？＿＿＿＿＿＿＿

A. 硬件   B. 软件   C. 数据库   D. 人

（13）Access 数据库中哪个数据库对象是其他数据库对象的基础？

A. 报表   B. 查询   C. 表   D. 模块

（14）通过关联关键字"系别"这一相同字段，表二和表一构成的关系为＿＿＿＿＿＿＿。

A. 一对一   B. 多对一   C. 一对多   D. 多对多

（15）某数据库的表中要添加 Internet 站点的网址，则该采用的字段类型是＿＿＿＿＿＿＿。

A. OLE 对象数据类型   B. 超级链接数据类型

C. 查阅向导数据类型   D. 自动编号数据类型

（16）在 Access 的 5 个最主要的查询中，能从一个或多个表中检索数据，在一定的限制条件下，还可以通过此查询方式来更改相关表中记录的是＿＿＿＿＿＿＿。

A. 选择查询   B. 参数查询   C. 操作查询   D. SQL 查询

（17）哪个查询是包含另一个选择或操作查询中的 SQL SELECT 语句，可以在查询设计网格的"字段"行输入这些语句来定义新字段，或在"准则"行来定义字段的准则？＿＿＿＿＿＿

A. 联合查询   B. 传递查询   C. 数据定义查询   D. 子查询

（18）下列不属于查询的三种视图的是＿＿＿＿＿＿＿。

A. 设计视图   B. 模板视图   C. 数据表视图   D. SQL 视图

（19）要将"选课成绩"表中学生的成绩取整，可以使用＿＿＿＿＿＿＿。

A. Abs（[成绩]）   B. Int（[成绩]）   C. Srq（[成绩]）   D. Sgn（[成绩]）

（20）在查询设计视图中＿＿＿＿＿＿＿。

A. 可以添加数据库表，也可以添加查询   B. 只能添加数据库表

C. 只能添加查询   D. 以上两者都不能添加

（21）窗体是 Access 数据库中的一种对象，以下哪项不是窗体具备的功能？＿＿＿＿＿＿＿

A. 输入数据   B. 编辑数据

C. 输出数据   D. 显示和查询表中的数据

（22）窗体有 3 种视图，用于创建窗体或修改窗体的视图是窗体的＿＿＿＿＿＿＿。

A. "设计"视图   B. "窗体"视图   C. "数据表"视图   D. "透视表"视图

（23）"特殊效果"属性值用于设定控件的显示特效，下列属于"特殊效果"属性值的是＿＿＿＿＿＿＿。①"平面"、②"颜色"、③"凸起"、④"蚀刻"、⑤"透明"、⑥"阴影"、⑦"凹陷"、⑧"凿痕"、⑨"倾斜"。

A. ①②③④⑤⑥   B. ①③④⑤⑥⑦   C. ①④⑥⑦⑧⑨   D. ①③④⑥⑦⑧

（24）窗口事件是指操作窗口时所引发的事件，下列不属于窗口事件的是＿＿＿＿＿＿＿。

A. "加载"   B. "打开"   C. "关闭"   D. "确定"

（25）下面关于报表对数据的处理中叙述正确的是＿＿＿＿＿＿＿。

A. 报表只能输入数据   B. 报表只能输出数据

C. 报表可以输入和输出数据   D. 报表不能输入和输出数据

（26）用于实现报表的分组统计数据的操作区间的是＿＿＿＿＿＿＿。

A. 报表的主体区域   B. 页面页眉或页面页脚区域

C. 报表页眉或报表页脚区域   D. 组页眉或组页脚区域

（27）为了在报表的每一页底部显示页码号，那么应该设置_____。

A. 报表页眉   B. 页面页眉   C. 页面页脚   D. 报表页脚

（28）下列给出的选项中，非法的变量名是_____。

A. Sum   B. Integer_2   C. Rem   D. Form1

（29）可以将 Access 数据库中的数据发布在 Internet 网络上的是_____。

A. 查询   B. 数据访问页   C. 窗体   D. 报表

（30）下列关于宏操作的叙述错误的是_____。

A. 可以使用宏组来管理相关的一系列宏

B. 使用宏可以启动其他应用程序

C. 所有宏操作都可以转化为相应的模块代码

D. 宏的关系表达式中不能应用窗体或报表的控件值

（31）用于最大化激活窗口的宏命令是_____。

A. Minimize   B. Requery   C. Maximize   D. Restore

（32）在宏的表达式中要引用报表 exam 上控件 Name 的值，可以使用引用式_____。

A. Reports! Name   B. Reports! exam! Name

C. exam! Name   D. Reports exam Name

（33）可以判定某个日期表达式能否转换为日期或时间的函数是_____。

A. CDate   B. IsDate   C. Date   D. IsText

（34）以下哪个选项定义了 10 个整型数构成的数组，数组元素为 NewArray(1)至 NewArray(10)?_____

A. DimNewArray(10)As Integer   B. Dim NewArray(1 To 10)As Integer

C. DimNewArray(10) Integer   D. Dim NewArray(1 To 10) Integer

（35）查询能实现的功能有_____。

A. 选择字段，选择记录，编辑记录，实现计算，建立新表，建立数据库

B. 选择字段，选择记录，编辑记录，实现计算，建立新表，更新关系

C. 选择字段，选择记录，编辑记录，实现计算，建立新表，设置格式

D. 选择字段，选择记录，编辑记录，实现计算，建立新表，建立基于查询的报表和窗体

二、**填空题**（每空 2 分，共 30 分）

（1）数据的逻辑结构有线性结构和【1】两大类。

（2）顺序存储方法是把逻辑上相邻的结点存储在物理位置【2】的存储单元中。

（3）一个类可以从直接或间接的祖先中继承所有属性和方法。采用这个方法提高了软件的【3】。

（4）软件工程研究的内容主要包括：【4】技术和软件工程管理。

（5）窗体由多个部分组成，每个部分称为一个【5】，大部分的窗体只有【6】。

（6）【7】是窗体上用于显示数据、执行操作、装饰窗体的对象。

（7）一个主报表最多只能包含【8】子窗体或子报表。

（8）在数据访问页的工具箱中，图标█的名称是【9】。

（9）数据访问页有两种视图，分别为页视图和【10】。

（10）VBA 中定义符号常量的关键字是【11】。

（11）窗体中的窗体称为【12】，其中可以创建【13】。

（12）数据库中有"学生成绩表"，包括"姓名""平时成绩""考试成绩"和"期末总评"等字段。现要根据"平时成绩"和"考试成绩"对学生进行"期末总评"。规定：

"平时成绩"加"考试成绩"大于等于 85 分，则期末总评为"优"，"平时成绩"加"考试成绩"小于 60 分，则期末总评为"不及格"，其他情况期末总评为"合格"。

下面的程序按照上述要求计算每名学生的期末总评。请在空白处填入适当的语句，使程序可以完成指定的功能。

```
Private Sub Command0_Click( )
Dim db As DAO.Database
Dim rs As DAO.Recordset
Dim pscj,kscj,qmzp As DAO.Field
Dim count As Integer
Set db=CurrentDb( )
Set rs=db.OpenRecordset("学生成绩表")
Set pscj=rs.Fields("平时成绩")
Set kscj=rs.Fields("考试成绩")
Set qmzp=rs.Fields("期末总评")
count=0
Do While Not rs.EOF
【14】
If pscj+kscj>=85 Then
qmzp="优"
ElseIf pscj+kscj<60 Then
qmzp="不及格"
Else
qmzp="合格"
End If
rs.Update
count=count+1
【15】
Loop
rs.Close
db.Close
Set rs=Nothing
Set db=Nothing
MsgBox "学生人数:"&count
End Sub
```

上机操作题

一、基本操作题

在考生文件夹下,"samp1.mdb"数据库文件中已建立两个表对象(名为"职工表"和"部门表")。试按以下要求,顺序完成表的各种操作:

(1)设置表对象"职工表"的"聘用时间"字段默认值为系统日期。

(2)设置表对象"职工表"的"性别"字段有效性规则为:男或女;同时设置相应有效性文本为"请输入男或女"。

(3)将表对象"职工表"中编号为"000019"的员工的"照片"字段值设置为考生文件夹下的图像文件"000019.bmp"。

(4)删除职工表中"姓名"字段含有"江"字的所有员工纪录。

二、简单应用题

考生文件夹下存在一个数据库文件"samp2.mdb",里面已经设计好表对象"tTeacher""tCourse""tStud"和"tGrade",试按以下要求完成设计:

(1)创建一个查询,按输入的教师姓名查找教师的授课情况,并按"上课日期"字段降序显示"教师姓名""课程名称""上课日期"3个字段的内容,所建查询命名为"qT1"; 当运行该查询时,应显示参数提示信息:"请输入教师姓名"。

(2)创建一个查询,查找学生的课程成绩大于等于80且小于等于100的学生情况,显示"学生姓名""课程名称"和"成绩"3个字段的内容,所建查询命名为"qT2"。

(3)以表"tGrade"为数据源创建一个查询,假设"学号"字段的前4位代表年级,要统计各个年级不同课程的平均成绩,显示"年级""课程ID"和"平均成绩",并按"年级"降序排列,所建查询命名为"qT3"。

三、综合应用题

考生文件夹下存在一个数据库文件"samp2.mdb",里面已经设计好3个关联表对象"tStud""tCourse""tScore"和一个空表"tTemp"。试按以下要求完成查询设计:

(1)创建一个选择查询,查找并显示简历信息为空的学生的"学号""姓名""性别"和"年龄"4个字段内容,所建查询命名为"qT1"。

(2)创建一个选择查询,查找选课学生的"姓名""课程名"和"成绩"3个字段内容,所建查询命名为"qT2"。

(3)创建一个选择查询,按系别统计各自男女学生的平均年龄,显示字段标题为"所属院系""性别"和"平均年龄",所建查询命名为"qT3"。

(4)创建一个操作查询,将表对象"tStud"中没有书法爱好的学生的"学号""姓名"和"年龄"3个字段内容追加到目标表"tTemp"的对应字段内,所建查询命名为"qT4"。

答 案

一、选择题

(1)B　(2)D　(3)A　(4)B　(5)B　(6)D　(7)B
(8)B　(9)A　(10)B　(11)D　(12)C　(13)C　(14)C
(15)B　(16)A　(17)D　(18)B　(19)B　(20)A　(21)C

（22）A　　（23）D　　（24）D　　（25）B　　（26）D　　（27）C　　（28）B

（29）B　　（30）D　　（31）C　　（32）B　　（33）B　　（34）B　　（35）D

二、填空题

（1）【1】非线性结构

（2）【2】相邻

（3）【3】可重用性

（4）【4】软件开发

（5）【5】节【6】主体

（6）【7】控件

（7）【8】两极

（8）【9】命令按钮

（9）【10】设计视图

（10）【11】Const

（11）【12】子窗体【13】控件

（12）【14】rs.Edit【15】rs.movenext

参 考 文 献

[1] 高怡新. Access 2003 数据库应用教程 [M]. 北京：人民邮电出版社，2008.

[2] 刘凤玲. Access 数据库应用教程 [M]. 北京：中国人民大学出版社，2009.

[3] 于繁华. Access 基础教程 [M]. 北京：中国水利水电出版社，2010.

[4] 杨玉琳. 二级 Access 数据库 [M]. 北京：机械工业出版社，2011.

[5] 邵丽萍. Access 数据库技术与应用案例汇编案 [M]. 北京：清华大学出版社，2011.

[6] 朱翠娥. Access 数据库应用教程 [M]. 北京：机械工业出版社，2011.

[7] 李希勇. Access 数据库实用教程 [M]. 北京：中国铁道出版社，2012.

参考文献

[1] 冉洪昌. Access 2003 数据库管理技术与应用[M]. 北京: 人民邮电出版社, 2005.

[2] 张迎新. Access 数据库及应用开发[M]. 北京: 中国人民大学出版社, 2005.

[3] 王珊珊. Access 数据库基础[M]. 北京: 中国水利水电出版社, 2010.

[4] 郑玲利. Access 数据库应用技术[M]. 北京: 西南交通大学出版社, 2011.

[5] 郑小玲. Access 数据库技术及应用案例教程[M]. 北京: 清华大学出版社, 2011.

[6] 张曹燕. Access 数据库应用技术[M]. 北京: 北京理工大学出版社, 2011.

[7] 李雪芳. Access 数据库应用教程[M]. 北京: 中国铁道出版社, 2012.